农业职业技能鉴定

全国农业职业技能培训教材

设施水产养殖
装备操作工

（初级 中级 高级）

农业部农业机械试验鉴定总站
农业部农机行业职业技能鉴定指导站 编

U0348995

中国农业科学技术出版社

图书在版编目（CIP）数据

设施水产养殖装备操作工：初级 中级 高级 /农业部农业机械试验鉴定总站，农业部农机行业职业技能鉴定指导站，编 . —北京：中国农业科学技术出版社，2014.5

全国农业职业技能培训教材

ISBN 978 – 7 –5116 – 1598 – 5

Ⅰ.①设… Ⅱ.①农…②农… Ⅲ.①水产养殖 – 设备 – 技术培训 – 教材 Ⅳ.①S969

中国版本图书馆 CIP 数据核字（2014）第 067262 号

责任编辑	姚 欢	
责任校对	贾晓红	

出 版 者	中国农业科学技术出版社	
	北京市中关村南大街 12 号　邮编：100081	
电　　话	（010）82109704（发行部）　（010）82106636（编辑室）	
	（010）82109703（读者服务部）	
传　　真	（010）82106636	
网　　址	http://www.castp.cn	
经 销 者	各地新华书店	
印 刷 者	北京富泰印刷有限责任公司	
开　　本	787 mm ×1 092 mm　1/16	
印　　张	10.5	
字　　数	230 千字	
版　　次	2014 年 5 月第 1 版　2014 年 5 月第 1 次印刷	
定　　价	28.00 元	

前　言

党和国家高度重视农业机械化发展，我国农业机械化已经跨入中级发展阶段。依靠科技进步，提高劳动者素质，加强农业机械化教育培训和职业技能鉴定，是推动农业机械化科学发展的重大而紧迫的任务。中央实施购机补贴政策以来，大量先进适用的农机装备迅速普及到农村，其中，设施农业装备的拥有量也急剧增加。农民购机后不会用、用不好、效益差的问题日益突出。

为适应设施农业装备操作人员教育培训和职业技能鉴定工作的需要，农业部农机行业职业技能鉴定指导站组织有关专家，编写了一套全国农业职业技能鉴定用培训教材——《设施农业装备操作工》。该套教材包含了《设施园艺装备操作工》《设施养牛装备操作工》《设施养猪装备操作工》《设施养鸡装备操作工》和《设施水产养殖装备操作工》5 本。

该套教材以《NY/T 2145—2012——设施农业装备操作工》（以下简称《标准》）为依据，力求体现"以职业活动为导向，以职业能力为核心"的指导思想，突出职业技能培训鉴定的特色，本着"用什么，考什么，编什么"的原则，内容严格限定在《标准》范围内，突出技能操作要领和考核要求。在编写结构上，按照设施农业装备操作工的基础知识、初级工、中级工和高级工四个部分编写，其中，基础知识部分涵盖了《标准》的"基本要求"，是各等级人员均应掌握的知识内容；初、中、高级工部分分别对应《标准》中相应等级的"职业功能"要求，并将相关知识和操作技能分块编写，且全面覆盖《标准》要求。在编写语言上，考虑到现有设施农业装备操作工的整体文化水平和本职业技能特征鲜明，教材文字阐述力求言简意赅、通俗易懂、图文并茂。在知识内容的编排上，教材既保证了知识结构的连贯性，又着重于技能掌握所必须的相关知识，力求精炼浓缩，突出实用性、针对性和典型性。

该套教材在编写过程中得到了农业部规划设计研究院、北京市农业机械试验鉴定推广站、内蒙古自治区农牧业机械质量监督管理站、金湖小青青机电设备有限公司、江苏省连云港市农机推广站等单位的大力支持，在此一并表示衷心的感谢！

由于编写时间仓促，水平有限，不足之处在所难免，欢迎广大读者提出宝贵的意见和建议。

农业部农机行业职业技能鉴定教材编审委员会

2014 年 1 月

目　　录

第一部分　职业道德与基础知识

第二部分 设施水产养殖装备操作工——初级技能

第三部分　设施水产养殖装备操作工——中级技能

第四部分　设施水产养殖装备操作工——高级技能

第一部分　职业道德与基础知识

第一章　设施农业装备操作工职业道德

第一节　职业道德基本知识

一、道德的含义

道德是一种社会意识形态，是人们共同生活及其行为的准则和规范。它以善恶、是非、荣辱为标准，调节人与人之间、个人与社会之间的关系。它依据社会舆论、传统文化和生活习惯来判断一个人的品质，它可以通过宣传教育和社会舆论影响而后天形成，它依靠人们自觉的内心观念来维持。道德很多时候跟"良心"一起谈及，良心是指自觉遵从主流道德规范的心理意识。党的十八大报告指出："全面提高公民道德素质，这是社会主义道德建设的基本任务。要坚持依法治国和以德治国相结合，加强社会公德、职业道德、家庭美德、个人品德教育，弘扬中华传统美德，弘扬时代新风。"社会主义道德建设要坚持以为人民服务为核心，以集体主义为原则，以爱祖国、爱人民、爱劳动、爱科学、爱社会主义为基本要求。

二、职业道德及其特点

1. 职业道德的含义及内容

职业道德是指从事一定职业的人员在工作和劳动过程中所应遵守的、与其职业活动紧密联系的道德规范和行为准则的总和。职业道德包括职业道德意识、职业道德守规、职业道德行为规范，以及职业道德培养、职业道德品质等内容。要大力提倡以爱岗敬业、诚实守信、办事公道、服务群众、奉献社会为主要内容的职业道德。

2. 职业道德的特点

职业道德作为社会道德的重要组成部分，是社会道德在职业领域的具体反映。其特点是：在职业范围上，职业道德具有规范性；在适用范围上，职业道德具有有限性；在形式上，具有多样性；在内容上，具有较强的稳定性和连续性。

3. 职业道德的意义

学习和遵守职业道德，有利于推动社会主义物质文明和精神文明建设；有利于提高本行业、企业的信誉和发展；有利于个人品质的提高和事业的发展。

三、职业素质的内容

职业素质是指劳动者通过教育、劳动实践和自我修养等途径而形成和发展起来的，在职业活动中发挥重要作用的内在基本品质。职业素质包括思想政治素质、科学文化素质、身心素质、专业知识与专业技能素质4个方面,其中,职业素质的灵魂是思想政治素质、核心内容是专业知识与专业技能素质。

四、职业道德修养

任何职业道德总是随着经济和社会的发展而变化的。因此,职业道德修养过程也应该是每个从业人员心灵深处不断吐故纳新的过程。加强职业道德修养主要有以下几个方面。

1. 加强学习

加强学习是职业道德修养的基础。首先,要学习马列主义、毛泽东思想、邓小平理论、"三个代表"重要思想、科学发展观以及群众路线教育等重大战略思想在内的中国特色社会主义理论体系,学会运用辩证唯物主义和历史唯物主义去认识和改造主客观世界的方法;其次,学习社会主义职业道德基本理论和公民道德建设实施纲要,树立正确的道德观;再次,要学习科学文化和专业技术知识,努力提高职业技能;最后,学习革命前辈和先进人物,不断激励自己,立志像他们那样在平凡的岗位上为人民、为社会作出贡献。

2. 参加实践

积极参加社会实践和职业活动实践,做到理论联系实际,在实践中刻苦磨练自己,在改造客观世界的同时改造主观世界,做到知和行相统一,这是进行职业道德修养的根本途径和方法。"知"是指在实践中经过总结经验和教训而获取的正确认识。"行"是指社会实践,即人们改造客观世界的一切活动。真正做到言行一致,身体力行。

3. 开展评价

职业道德评价是人们在职业生活中根据是否有利于社会主义事业这一标准,对自己和他人的职业行为所作的善恶判断,对善的道德行为给以赞扬;对恶的不道德行为表示谴责和鄙夷;开展批评与自我批评,鼓励人们弃恶扬善,自觉纠正不良行为,养成良好的道德品质。严于解剖自己,勇于自省。

4. 努力"慎独"

"慎独"就是在个人独立工作、无人监督、可以自行其事的时候,仍然能自觉地遵守道德规范的一种能力。在职业实践中要努力做到"慎独",才能不断提高自己的认识,使自己达到较高的精神境界。

在职业道德修养过程中,要牢牢掌握根在实践、贵在自觉、重在坚持、难在"慎独"四要素。

第二节 设施农业装备操作工职业守则

设施农业装备操作工在职业活动中,不仅要遵循社会道德的一般要求,而且要遵守设施农业装备操作工职业守则。其基本内容如下。

一、遵章守法,爱岗敬业

遵章守法是设施农业装备操作工职业守则的首要内容,这是由设施农业装备操作工的职业特点决定的。遵章守法就是要自觉学习、遵守国家的有关法规、政策和农机安全生产的规定，爱岗敬业是指设施农业装备操作工要热爱自己的工作岗位，服从安排，兢兢业业，尽职尽责，乐于奉献。

二、规范操作，安全生产

规范操作是指一丝不苟地执行安全技术、组织措施，确保作业人员生命和设备安全，确保作业任务的圆满完成。要有高度负责的精神，严格按照技术要求和操作规范，认真对待每一项作业、每一道工序，尽职尽责，确保作业质量，优质、高效、低耗、安全地完成生产任务。安全生产是指机具在道路转移、场地作业及维修保养过程中要保证自身、他人及机具的安全。

三、钻研技术，节能降耗

设施农业装备操作工要提高作业效率，确保作业质量，必须掌握过硬的操作技能，是职业的需要。钻研技术，必须"勤业"，干一行，钻一行，善于从理论到实践，不断探索新情况、新问题，技术上要精益求精。节能降耗是钻研技术的具体体现。在操作过程中采取技术上可行、经济上合理以及环境和社会可以承受的措施，从各个环节，降低消耗、减少损失和污染物排放、制止浪费，有效、合理地利用能源。

四、诚实守信，优质服务

诚实守信是做人的根本，也是树立作业信誉，建立稳定服务关系和长期合作的基础。设施农业装备操作工在作业服务过程中，要以诚待人、讲求信誉，同时要有较强的竞争意识和价值观念，主动适应市场，靠优质服务占有市场。在作业服务中，要使用规范语言，做到礼貌待客、服务至上、质量第一。

第二章 机电常识

第一节 农机常用油料的名称、牌号、性能和用途

农机用油是指在农机使用过程中所应用的各种燃油、润滑油和液压油的总称。它们的品种繁多、性能各异，随使用机器及部位的不同，要求也不一样，加之在运输、储存、添加和使用过程中，油料的质量指标会逐渐变坏，必须采取科学的技术措施，防止和减缓油品的变坏。选好、用好、管好农机用油，是保证农机技术状态完好的重要环节，是节约油料、降低作业成本的重要途径。

农机常用的油料牌号、规格与适用范围等，见表2-1。

表2-1 农机常用油料的牌号、规格与适用范围

名　称		牌号和规格		适用范围	使用注意事项
柴油	重柴油			转速1000r/min以下的中低速柴油机	1. 不同牌号的轻柴油可以掺兑使用 2. 柴油中不能掺入汽油
	轻柴油	10、0、-10、-20、-35和-50号（凝点牌号）		选用凝点应低于当地气温3～5℃	
汽油		66、70、85、90、93和97号（辛烷值牌号）		压缩比高选用牌号高的汽油，反之选用牌号低的汽油	1. 当汽油供应不足时，可用牌号相近的汽油暂时代用 2. 不要使用长期存放已变质的汽油，否则结胶、积炭严重
内燃机油	柴油机油	CC、CD、CD-Ⅱ、CE、CF-4等（品质牌号）	0W、5W、10W、15W、20W、25W（冬用黏度牌号），"W"表示冬用；20、30、40和50级（夏用黏度牌号）；多级油如10W/20（冬夏通用）	品质选用应遵照产品使用说明书中的要求选用，还可结合使用条件来选择。黏度等级的选择主要考虑环境温度	1. 在选择机油的使用级时，高级机油可以在要求较低的发动机上使用 2. 汽油机油和柴油机油应区别使用
	汽油机油	SC、SD、SE、SF、SG和SH等（品质牌号）			
齿轮油	普通车辆齿轮油（CLC）	70W、75W、80W、85W（黏度牌号）		按产品使用说明书的规定进行选用，也可以按工作条件选用品种和气温选择牌号	不能将使用级（品种）较低的齿轮油用在要求较高的车辆上，否则将使齿轮很快磨损和损坏
	中负荷车辆齿轮油（CLD）	90、140和250（黏度牌号）			
	重负荷车辆齿轮油（CLE）	多级油，如80W/90、85W/90			

续表

名　称	牌号和规格		适用范围	使用注意事项
润滑脂（俗称黄油）	钙基、复合钙基	000、00、0、1、2、3、4、5、6（锥入度）	抗水，不耐热和低温，多用于农机具	1. 加入量要适宜 2. 禁止不同品牌的润滑脂混用 3. 注意换脂周期以及使用过程管理
	钠基		耐温可达120℃，不耐水，适用于工作温度较高而不与水接触的润滑部位	
	钙钠基		性能介于上述两者之间	
	锂基		锂基抗水性好，耐热和耐寒性都较好，它可以取代其他基脂，用于设施农业等农机装备	
液压油	普通液压油（HL）	HL32、HL46、HL68（黏度牌号）	中低压液压系统（压力为2.5~8MPa）	控制液压油的使用温度：对矿油型液压油，可在50~65℃下连续工作，最高使用温度在120~140℃
	抗磨液压油（HM）	HM32、HM46、HM100、HM150（黏度牌号）	压力较高（>10MPa）使用条件要求较严格的液压系统，如工程机械	
	低温液压油（HV和HS）		适用于严寒地区	

第二节　机械常识

一、常用法定计量单位及换算关系

1. 法定长度计量单位

基本长度单位是米（m），机械工程图上标注的法定单位是毫米(mm)。

1m = 1 000mm；1 英寸 = 25.4 mm。

2. 法定压力计量单位

法定压力计量单位是帕（斯卡），符号为 Pa。常用兆帕表示，符号为 MPa。压力以前曾用每平方厘米作用的千克力来表示，符号为 $1kgf/cm^2$。其转换关系为：

$1 MPa = 10^6 Pa$。

$1kgf/cm^2 = 9.8 \times 10^4 Pa = 98kPa = 0.098MPa$。

3. 法定功率计量单位

法定功率计量单位是千瓦，符号为 kW。1 马力 = 0.736kW。

4. 力、重力的法定计量单位

力、重力的法定计量单位是牛顿，符号为 N。1kgf = 9.8N。

5. 面积的法定计量单位

面积的法定计量单位是平方米、公顷，符号分别为 m^2、hm^2。$1hm^2 = 10\ 000m^2 = 15$ 亩，1 亩 $= 666.7m^2$。

二、金属与非金属材料

1. 常用金属材料

常用金属材料分为钢铁金属和非铁金属材料（即有色金属材料）两大类。钢铁材料主要有碳素钢（含碳量小于2.11%的铁碳合金）、合金钢（在碳钢的基础上加入一些合金元素）和铸铁（含碳量大于2.11%的铁碳合金）。非铁金属材料则包括除钢铁以外的所有金属及其合金，如铜及铜合金、铝及铝合金等。常用金属材料的种类、性能、牌号和用途见表2-2。

表2-2 常用金属材料的种类、性能、牌号和用途

名　　称			特　点	主要性能	牌号举例	用途
碳素钢	普通碳素结构钢		含碳量小于0.38%	韧性、塑性好，易成型、易焊接，但强度、硬度低	Q195、Q215、Q235、Q275	不需热处理的焊接和螺栓连接构件等
	优质碳素结构钢	低碳钢	含碳量小于0.25%		08、10、20	需变形或强度要求不高的工件，如油底壳等
		中碳钢	含碳量0.25%~0.60%	强度、硬度较高，塑性、韧性稍低	35、45	经热处理后有较好综合机械性能，用于制造连杆、连杆螺栓等
		高碳钢	含碳量大于0.60%，小于0.85%	硬度高，脆性大	65	经热处理后制造弹簧和耐磨件
	碳素工具钢		含碳量大于0.70%，小于1.3%	硬度高，耐磨性好，脆性大	T10、T12	制作手动工具和低速切削工具及简单模具等
合金钢	低合金结构钢		在碳素结构钢或工具钢的基础上加入某些合金元素，使其具有满足特殊需要的性能	较高的强度和屈强比，良好的塑性、韧性和焊接性	Q295、Q345、Q390、Q460	桥梁、机架等
	合金结构钢			有较高强度，适当的韧性	20CrMnTi	齿轮、齿轮轴、活塞销等
	合金工具钢			淬透性好，耐磨性高	9SiCr	切削刀具、模具、量具等
	特殊性能钢			具有如不锈、耐磨、耐热等特殊性能	不锈2Cr13 耐磨ZGMn13	如耐磨钢用于车辆履带、收割机刀片、弓齿等

名　　称		特　点	主要性能	牌号举例	用途
铸铁	灰铸铁	铸铁中碳以片状石墨存在，断口为灰色	易铸造和切削，但脆性大、塑性差、焊接性能差	HT - 200	气缸体、气缸盖、飞轮
	白口铸铁（冷硬铸铁）	铸铁中碳以化合物状态存在，断口为白色	硬度高而性脆，不能切削加工		不需加工的铸件，如犁铧
	球墨铸铁	铸铁中碳以圆球状石墨存在	强度高，韧性、耐磨性较好	QT600 - 3	可代替钢用于制造曲轴、凸轮轴等
	蠕墨铸铁	铸铁中碳以蠕虫状石墨存在	性能介于灰铸铁和球墨铸铁之间	RuT340	大功率柴油机气缸盖等
	可锻铸铁	铸铁中碳以团絮状石墨存在	强度、韧性比灰铸铁好	KTH350 - 10	后桥壳，轮毂
	合金铸铁	加入合金元素的铸铁	耐磨、耐热性能好		活塞环、缸套、气门座圈
铜合金	黄铜	铜与锌的合金	强度比纯铜高，塑性、耐腐蚀性好	H68	散热器、油管、铆钉
	青铜	铜与锡的合金	强度、韧性比黄铜差，但耐磨性、铸造性好	ZCuSn10Pb1	轴瓦、轴套
铝合金		加入合金元素	铸造性、强度、耐磨性好	ZL108	活塞、气缸体、气缸盖

2. 常用非金属材料

农业机械中常用的非金属材料主要是有机非金属材料，如合成塑料、橡胶等。常用非金属材料的种类、性能及用途见表 2 - 3。

表 2 - 3　常用非金属材料的种类、性能及用途

名　称	主　要　性　能	用　　途
工程塑料	除具有塑料的通性之外，还有相当的强度和刚性，耐高温及低温性能较通用塑料好	仪表外壳、手柄、方向盘等
橡胶	弹性高、绝缘性和耐磨性好，但耐热性低，低温时发脆	轮胎、皮带、阀垫、软管等
玻璃	由氧化硅和另一些氧化物熔化制成的透明固体。优点是导热系数小、耐腐蚀性强；缺点是强度低、热稳定性差	驾驶室挡风玻璃等
石棉	抗热和绝缘性能优良，耐酸碱，不腐烂，不燃烧	密封、隔热、保温、绝缘和制动材料，如制动带等

（1）塑料　塑料属高分子材料，是以合成树脂为主要成分并加入适量的填料、增塑剂和添加剂，经一定温度、压力塑制成型的。塑料分类方法很多，一般分为热塑性塑料和热固性塑料两大类。热塑性塑料是指可反复多次在一定温度范围内软化并熔融流动，冷却后成型固化，如 PVC 等，共占塑料总量的 95% 以上。热固性塑料是指树脂在

加热成型固化后遇热不再熔融变化，也不溶于有机溶剂，如酚醛塑料、脲醛塑料、环氧树脂、不饱和聚酯等。

塑料主要特性是：①大多数塑料质轻，化学性稳定，不会锈蚀；②耐冲击性好；③具有较好的透明性和耐磨耗性；④绝缘性好，导热性低；⑤一般成型性、着色性好，加工成本低；⑥大部分塑料耐热性差，热膨胀率大，易燃烧；⑦尺寸稳定性差，容易变形；⑧多数塑料耐低温性差，低温下变脆；⑨容易老化；⑩某些塑料易溶于溶剂。

（2）橡胶　橡胶是一种高分子材料，有良好的耐磨性，良好的隔音性，良好的阻尼特性，有高的弹性，有优良的伸缩性和可贵的积储能量的能力，是常用的密封材料、弹性材料、减振、抗振材料和传动材料，耐热老化性较差，易燃烧。

（3）玻璃　玻璃是由氧化硅和另一些氧化物熔化制成的透明固体。玻璃耐腐蚀性强，磨光玻璃经加热与淬火后可制成钢化玻璃，玻璃的主要缺点有强度低、热稳定性差。

三、常用标准件常识

标准件是指结构、尺寸、画法、标记等各个方面已经完全标准化，并由专业厂生产的常用的零（部）件，如螺纹件、键、销、滚动轴承等。

（一）滚动轴承

1. 滚动轴承的分类方法

滚动轴承主要作用是支承轴或绕轴旋转的零件。其分类方法有以下 5 种：①按承受负荷的方向分，有向心轴承（主要承受径向负荷）、推力轴承（仅承受轴向负荷）、向心推力轴承（同时能承受径向和轴向负荷）。②按滚动体的形状分，有球轴承（滚动体为钢球）和滚子轴承（滚动体为滚子），滚子又有短圆柱、长圆柱、圆锥、滚针、球面滚子等多种。③按滚动体的列数分，有单列、双列、多列轴承等种类。④按轴承能否调整中心分，有自动调整轴承和非自动调整轴承两种。⑤按轴承直径大小分，有微型（外径 26mm 或内径 9mm 以下）、小型（外径 28～55mm）、中型（外径 60～190mm）、大型（外径 200～430mm）和特大型（外径 440mm 以上）。

2. 滚动轴承规格代号的含义

国家标准 GB/T272—93《滚动轴承代号方法》规定，滚动轴承的规格代号由 3 组符号及数字组成，其排列如下。

前置代号　　　　基本代号　　　　后置代号

（1）基本代号　它表示轴承的基本类型、结构和尺寸，是轴承代号的基础。基本代号由 3 组代号组成，其排列如下。

轴承类型代号　　　　尺寸系列代号　　　　内径代号

轴承类型代号由数字或字母表示；尺寸系列代号由轴承宽（高）度系列代号和直径系列代号组成，用两位阿拉伯数字表示。上述两项代号内容和具体含义可查阅新标准。内径代号表示轴承的公称内径，用两位阿拉伯数字表示，表示方法见表 2 – 4。

表 2－4 轴承内径的表示方法

轴承内径（mm）	表 示 方 法
9 以下	用内径实际尺寸直接表示
10	00
12	01
15	02
17	03
20～480（22、28、32 除外）	以内径尺寸除 5 所得商表示
500 以上及 22、28、32	用内径实际尺寸直接表示，并在数字前加"／"符号

轴承基本代号举例：

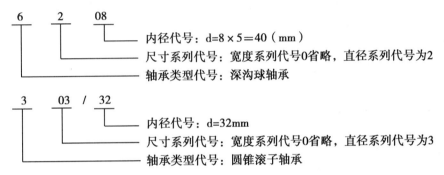

（2）前置代号 它表示成套轴承部件的代号，用字母表示。代号的含义可查阅新标准，例如，代号 GS 为推力圆柱滚子轴承座圈。

（3）后置代号 用字母和数字表示，它是轴承在结构形状、尺寸、公差、技术要求有改变时，在其基本代号后面添加的代号。如添加后置代号 NR 时，表示该轴承外圈有止动槽，并带止动环。

3. 滚动轴承的用途

（1）球轴承 一般用于转速较高、载荷较小、要求旋转精度较高的地方。

（2）滚子轴承 一般用于转速较低、载荷较大或有冲击、振动的工作部位。

（二）橡胶油封

橡胶油封在设施农业机械上用得很多，按其结构不同分为骨架式和无骨架式两种，两者区别在于骨架式油封在密封圈内埋有一薄铁环制成的骨架。骨架式油封可分为普通型（只有 1 个密封唇口）、双口型（有 2 个密封唇口）和无弹簧型 3 种，还按适用速度范围分为低速油封和高速油封两种。油封的规格由首段、中段和末段 3 段组成。首段为油封类型，用汉语拼音字母表示，P 表示普通，S 表示双口，W 表示无弹簧，D 表示低速，G 表示高速。中段以油封的内径 d、外径 D、高度 H 这 3 个尺寸来表示油封规格，中间用"×"分开，表示方法为 d×D×H，单位为 mm。末段为胶种代号。例如，PD20×40×10，表示内径 20mm、外径 40mm、高 10mm 的低速普通型油封。

（三）键

键的主要作用是连接、定位和传递动力。其种类有平键、半圆键、楔键和花键。前3种一般有标准件供应，花键也有国家标准。

1. 平键

平键按工作状况分普通和导向平键2种，其形状有圆头、方头和单圆头3种，其中，以两头为圆的A型使用最广。平键的特点是靠侧面传递扭矩，制造简单、工作可靠，拆装方便，广泛应用于高精度、高速或承受变载、冲击的场合。

2. 半圆键

其特点是靠侧面传递扭矩，键在轴槽中能绕槽底圆弧中心略有摆动，装配方便，但键槽较深，对轴强度削弱较大，一般用于轻载，适用于轴的锥形端部。

3. 楔键

其特点是靠上、下面传递扭矩，安装时需打入，能轴向固定零件和传递单向轴向力，但对中稍差，一般用于对中性能要求不严且承受单向轴向力的连接，或用于结构简单、紧凑、有冲击载荷的连接处。

4. 花键

有矩形花键和渐开线花键两种。通常是加工成花键轴，应用于一般机械的传动装置上。

（四）螺纹连接件

1. 螺纹导程与螺纹的直径

导程S是指螺纹上任意一点沿同一条螺旋线转一周所移动的轴向距离。单线螺纹的导程等于螺距（$S=P$）（螺距P：螺纹相邻两个牙型上对应点间的轴向距离），多线螺纹的导程等于线数乘以螺距（$S=nP$）（线数n：螺纹的螺旋线数目）。

螺纹的直径，在标准中定义为公称直径，是指螺纹的最大直径（大径d），即与螺纹牙顶相重合的假想圆柱面的直径。

2. 螺纹连接件的基本类型及适用场合

螺纹连接件的主要作用是连接、防松、定位和传递动力。常用的有4种基本类型：①螺栓。这种连接件需用螺母、垫片配合，它结构简单，拆装方便，应用最广。②双头螺柱。它一般用于被连接件之一的厚度很大，不便钻成通孔，且有一端需经常拆装的场合，如缸盖螺柱。③螺钉。这种连接件不必使用螺母，用途与双头螺柱相似，但不宜经常拆装，以免加速螺纹孔损坏。④紧固螺钉。用以传递力或力矩的连接。

3. 螺纹连接件的防松方法

常用有6种防松方法：①弹簧垫圈。由于它使用简单，采用最广。②齿形紧固垫圈。用于需要特别牢固的连接。③开口销及六角槽形螺母。④止动垫圈及锁片。⑤防松钢丝。适用于彼此位置靠近的成组螺纹连接。⑥双螺母。

四、机械传动常识

机械传动是一种最基本的传动方式。机械传动按传递运动和动力的方式不同分为摩擦传动和啮合传动两大类。摩擦传动是利用摩擦原理来传递运动和动力的，常用的有摩擦轮传动和带传动两种。啮合传动是利用轮齿啮合来直接传递运动和动力的，常用的有链传动、各种齿轮传动、蜗杆蜗轮传动和螺旋传动等。常用机械传动的类型、特点及形式如表2-5所示。

表2-5 机械传动的类型、特点及形式

传动类型	传动过程	特点	常见形式
带传动	依靠皮带与皮带轮接触间的摩擦力,把原动机的动力传递到距离较远的工作机上,是最简单最常用的方法	1. 结构简单,制造、安装、维护方便,成本低 2. 适用于两轴中心距较大的传动 3. 能吸震和缓冲,运行平稳、噪声小 4. 过载时能打滑,防止零件损坏,起保护作用 5. 传动效率低,传动比不准确,外廓尺寸较大,带寿命短	平行传动　交叉传动　交错传动　综合传动 $n=1\,450$转/min
齿轮传动	利用主动、从动两齿轮的直接啮合来传递两轴距离较近、转矩较大、传动比要求较严的传动	1. 结构紧凑,工作可靠,使用寿命长 2. 传动比恒定,传递运动准确 3. 传动效率高,传递运动和动力的范围广 4. 制造安装精度高,成本也较高,且不适用于远距离传动	圆柱齿轮传动　斜齿轮传动　内齿轮传动　直齿锥齿轮传动　斜齿锥齿轮传动
链传动	依靠链条的链节与链轮齿的啮合来传递两轴距较远而速比又要正确的传动	1. 结构紧凑,安装维护方便 2. 有准确的传动比,链传动具有中间挠性,但无弹性滑动和打滑现象 3. 能在高温、油污等恶劣环境下工作 4. 传动平稳性差,瞬时速度不均匀,工作时有噪声	滚子链　齿链　齿状链　链轮

续表

传动类型	传动过程	特点	常见形式
蜗杆蜗轮传动	利用蜗杆与蜗轮的啮合来传递两轴轴线交错成90°，彼此既不平行又不相交的运动	1. 结构紧凑、传动比大 2. 工作平稳，无噪声 3. 一般具有自锁性 4. 承载能力大 5. 效率低，易发热 6. 不能任意互换啮合 7. 用于传动功率不大或间歇工作的场合	

第三节　电工常识

一、电路

1. 电路及其组成

电流流过的路径称为电路。一般电路都由电源、负载、导线和开关4个部分组成。

（1）电源　把其他形式的能量转化为电能的装置叫作电源。常见的直流电源有干电池、蓄电池和直流发电机等。

（2）负载　把电能转变成其他形式能量的装置称为负载，如电灯、电铃、电动机、电炉等。

（3）导线　连接电源与负载的金属线称为导线，它把电源产生的电能输送到负载，常用铜、铝等材料制成。

（4）开关　它起到接通或断开电源的作用。

2. 电路的状态

（1）通路（闭路）　电路处处连通，电路中有电流通过。这是正常工作状态。

（2）开路（断路）　电路某处断开，电路中没有电流通过。非人为断开的开路属于故障状态。

（3）短路（捷路）　电源两端被导线直接相连或电路中的负载被短接，此时电路中的电流比正常工作电流大很多倍。这是一种事故状态。有时，在调试电子设备的过程中，人为将电路某一部分短路，称为短接，要与短路区分开来。

3. 电路图

用国家标准规定的各种元器件符号绘制成的电路连接图，称为电路图。

二、电路的基本物理量

1. 电流

导体中电荷的定向流动形成电流。电流不但有方向，而且有强弱，通常用电流强度表示电流的强弱。单位时间内通过导体横截面的电量叫作电流强度，用符号 I 表示，单位是安培，用 A 表示。

电流的大小可以用电流表直接测量，电流表应串联在被测电路中。

2. 电压

在电路中，任意两点间的电位差称为这两点间的电压。电压是导体中存在电流的必要条件。电压的表示符号为 U，单位是伏特，用 V 表示。

电压的大小可以用电压表测量，电压表应并联在被测电路中。

3. 电阻

电子在导体中流动时所受的阻力称为电阻。电阻用符号 R 表示，单位为欧姆，用 Ω 表示。电阻反映了导体的导电能力，是导体的客观属性。实验证明，在一定温度下，导体的电阻与导体的长度 L 成正比，与导体的横截面积 S 成反比。

根据物质电阻的大小，把物体分为导体（容易导电的物体，如金、铜、铝等）、半导体（导电能力介于导体与绝缘体之间的物体，如硅、锗等）和绝缘体（不容易导电的物体，如空气、胶木、云母等）3 种。

4. 欧姆定律

欧姆定律是表示电路中电流、电压、电阻三者关系的定律。在同一电路中，导体中的电流与导体两端的电压成正比，与导体的电阻成反比，这就是欧姆定律，用公式表示为：

$$I = \frac{U}{R}$$

式中：U——电路两端电压，V（伏）；

　　　R——电路的电阻，Ω（欧姆）；

　　　I——通过电路的电流，A（安培）。

三、直流电路

大小和方向都不随时间变化的电流，又称恒定电流。所通过的电路称直流电路，是由直流电源和电阻构成的闭合导电回路，如图 2-1 所示。按连接的方法不同，电路分为串联电路和并联电路两种。

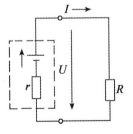

图 2-1　直流电路

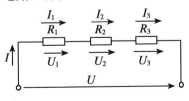

图 2-2　串联电路

1. 串联电路（图 2-2）

串联电路中各处的电流都相等，用公式表示为：

$$I = I_1 = \frac{U_1}{R_1} = I_2 = \frac{U_2}{R_2} = I_3 = \frac{U_3}{R_3} = \cdots\cdots I_n = \frac{U_n}{R_n}$$

串联电路外加电压等于串联电路中各电阻压降之和：

$$U = U_1 + U_2 + U_3 + \cdots\cdots + U_n$$

串联电路的总电阻等于各个串联电阻的总和：

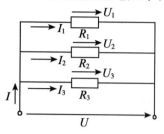

图 2 - 3　并联电路

$$R = R_1 + R_2 + R_3 + \cdots\cdots + R_n$$

2. 并联电路（图 2 - 3）

并联电路加在并联电阻两端的电压相等，用公式表示为：

$$U = U_1 = U_2 = U_3 = \cdots\cdots + U_n$$

电路内的总电流等于各个并联电阻电流之和：

$$I = I_1 + I_2 + I_3 + \cdots\cdots + I_n$$

并联电路总电阻的倒数等于各并联电阻倒数之和：

$$\frac{1}{R} = \frac{1}{R_1} + \frac{1}{R_2} + \frac{1}{R_3} + \cdots\cdots + \frac{1}{R_n}$$

四、电磁与电磁感应

电与磁都是物质运动的基本形式，两者之间密不可分，统称为电磁现象。通电导线的周围存在着磁场，这种现象称为电流的磁效应，这个磁场称为电磁场。

当导体作切割磁力线运动或通过线圈的磁通量发生变化时，导体或线圈中会产生电动势；若导体或线圈是闭合的，就会有电流。这种由导线切割磁力线或在闭合线圈中磁通量发生变化而产生电动势的现象，称为电磁感应现象。由电磁感应产生的电动势叫作感应电动势，由感应电动势产生的电流叫作感应电流。

五、交流电

交流电是指电压、电动势、电流的大小和方向随时间按正弦规律作周期性变化的电路。农村常用的交流电有单相交流电（220V）和三相交流电（380V）两种。

1. 单相交流电

是指一根火线和零线连接构成的电路，大多数家用电器和设施农业用的单相电机都是用的单相交流电（220V）。

2. 三相交流电

由三相交流电源供电的电路，简称三相电路。三相交流电源指能够提供 3 个频率相同而相位不同的电压或电流的电源，最常用的是三相交流发电机。三相发电机的各相电压的相位互差 120°。它们之间各相电压超前或滞后的次序称为相序。三相电动机在正序电压供电时正转，改为负序电压供电时则反转。因此，使用三相电源时必须注意其相序。一些需要正反转的生产设备可通过改变供电相序来控制三相电动机的正反转。

三相电源连接方式常用的有星形连接（图 2 - 4）和三角形连接两种，分别用符号 Y 和 △ 表示。从电源的 3 个始端引出的 3 条线称为端线（俗称火线）。任意两根端线之间的电压称为电压 $U_{线}$，任意一根端线（火线）与中性线之间的电压为相电压 $U_{相}$。星形连接时，线电压为相电压的 $\sqrt{3}$ 倍，即 $U_{线} = \sqrt{3}\, U_{相}$。我国的低压供电系统的线电压是 380V，它的相电压就是 380V$/\sqrt{3}$ = 220V；3 个线电压间的相位差仍为 120°，它们比 3 个相电压各超前 30°。星形连接有一个公共点，称为中性点。三角形连接时线电压与相

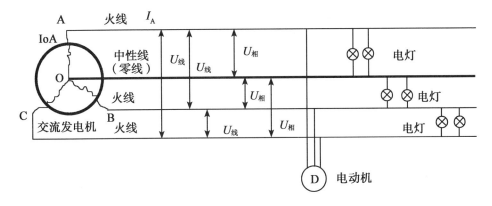

图 2-4　三相交流电星形连接

电压相等，且 3 个电源形成一个回路，只有三相电源对称且连接正确时，电源内部才没有环流。

3. 交流电的优点

交流电具有容易产生、传送和使用的优点，因而被广泛地采用。远距离输电可利用变压器把电压升高，减小输电线中的电流来降低损耗，获得经济的输电效益。在用电场合，可通过变压器降低电压，保证用电安全。此外，交流发电机、交流电动机和直流电机相比较，具有结构简单、成本低廉、工作安全可靠、使用维护方便等优点，所以交流电在国民经济各部门获得广泛应用。

六、安全用电知识

不懂得安全用电知识就容易造成触电、电气火灾、电器损坏等意外事故，安全用电，至关重要。

1. 发生用电事故的原因

（1）从构成闭合电路这个方面来说，它分别有两类型的触电。它们分别是双线触电和单线触电。人体是导体，当人体成为闭合电路的一部分时，就会有电流通过。如果电流达到一定大小，就会发生触电事故。假如，有个人的一只手接触电源正极，另一只手接触电源负极。这样，人体、导线与供电设备就构成了闭合电路，电流流过人体，发生触电事故，这类就叫双线触电。另一类就是，若这个人的一只手只接触正极，而另一只手虽然没有接触负极，但是由于人体站在地上，导线、人体、大地和供电设备同样构成了闭合电路，电流同样会流过人体，发生触电事故，这类就叫单线触电。电流对人体的伤害有三种：电击、电伤和电磁场伤害。电击是指电流通过人体，破坏人体心脏、肺及神经系统的正常功能。电伤是指电流的热效应、化学效用和机械效应对人体的伤害；主要是指电弧烧伤、熔化金属溅出烫伤等。电磁场生理伤害是指在高频磁场的作用下，人会出现头晕、乏力、记忆力减退、失眠、多梦等神经系统的症状。一般认为：电流通过人体的心脏、肺部和中枢神经系统的危险性比较大，特别是电流通过心脏时，危险性最大。所以从手到脚的电流途径最为危险。

（2）从欧姆定律和安全用电这方面来说，欧姆定律告诉我们：在电压一定时，导体中的电流的大小跟加在这个导体两端的电压成正比。人体也是导体，电压越高，通过的电流就越大，大到一定程度时就会有危险了。经验证明，通过人体的平均安全电流大约为 10mA，平均电阻为 360kΩ，当然这也不是一个固定的值，人体的电阻还和人体皮肤的干燥程度、人的胖瘦等因素有关，故通常情况下人体的安全电压一般是不高于36V。我国规定对环境比较干燥的安全电压（36V），对环境比较潮湿的安全电压（12V）。

在平时，我们除了不要接触高压电外，我们还应注意千万不要用湿手触摸电器和插拔电源，不要让水洒到电机等电器上。因为当人体皮肤或电器潮湿时，电阻就会变小，根据欧姆定律，在电压一定时，通过人体的电流就会大些，而且手上的水容易流入电器内，使人体与电源相连，这样会造成危险。

2. 避免用电事故

（1）认识了解电源总开关，学会在紧急情况下关断总电源。

（2）不用手或导电物（如铁丝、钉子、别针等金属制品）去接触、探试电源

（3）不用湿手触摸电器，不用湿布擦拭蓄电池等带电体。

（4）不要在电器上挂置物品。不随意拆卸、安装电源等带电体，不私拉电线，增加额外电器设备。私自改装使用大功率用电器很容易使输电线发热，甚至有着火的可能。

（5）不要用拉扯电源线的方法来拔电源插头。使用中发现电器有冒烟、冒火花、发出焦糊的异味等情况，应立即关掉电源开关，停止使用。

（6）选用合格的电器配件，不要贪便宜购买使用假冒伪劣电器、电线、线槽（管）、开关等。

3. 发生触电事故的处理方法

如果发现有人触电要设法及时关断电源，或者用干燥的木棍等物将触电者与带电的设备分开，不要用手直接去救人。触电者脱离电源后迅速移至通风干燥处仰卧，将其上衣和裤带放松，观察触电者有无呼吸，摸一摸颈动脉有无搏动。若触电者呼吸及心跳均停止，应及时做人工呼吸，同时实施心肺复苏抢救，并及时打电话呼叫救护车，尽快送往医院。

如果发现电器设备着火时应立即切断电源，用灭火器把火扑灭，无法切断电源时，应用不导电的灭火剂灭火，不能用水及泡沫灭火剂。火势过大，无法控制时要撤离机械，并迅速拨打"110"或"119"报警电话求救，疏散附近群众，防止损失进一步扩大。

第三章　相关法律法规及安全知识

　　随着我国经济体制改革的不断深入，我国的经济发展正逐步走上法制化的轨道。与设施农业装备使用管理有关的法律法规有《中华人民共和国环境保护法》、《农业机械化促进法》《农业机械安全监督管理条例》《农业机械运行安全技术条件》和《农业机械产品修理、更换、退货责任规定》等。学习和掌握有关法规，不仅可以促使自己遵纪守法，而且可以懂得如何维护自己的合法权益。

第一节　农业机械运行安全使用相关法规

一、农业机械安全监督管理条例

　　《农业机械安全监督管理条例》（以下简称《条例》）已经于 2009 年 9 月 7 日国务院第 80 次常务会议通过，自 2009 年 11 月 1 日起施行。全文共七章六十条。《条例》规定，农业机械是指用于农业生产及其产品初加工等相关农事活动的机械、设备。危及人身财产安全的农业机械，是指对人身财产安全可能造成损害的农业机械，包括拖拉机、联合收割机、机动植保机械、机动脱粒机、饲料粉碎机、插秧机、铡草机等。本文着重介绍农机使用操作和事故处理的相关规定。

　　1. 使用操作

　　农业机械操作人员可以参加农业机械操作人员的技能培训，可以向有关农业机械化主管部门、人力资源和社会保障部门申请职业技能鉴定，获取相应等级的国家职业资格证书。

　　农业机械操作人员作业前，应当对农业机械进行安全查验；作业时，应当遵守国务院农业机械化主管部门和省、自治区、直辖市人民政府农业机械化主管部门制定的安全操作规程。

　　2. 事故处理

　　农业机械事故是指农业机械在作业或者转移等过程中造成人身伤亡、财产损失的事件。

　　农业机械在道路上发生的交通事故，由公安机关交通管理部门依照道路交通安全法律、法规处理。

　　在道路以外发生的农业机械事故，操作人员和现场其他人员应当立即停止作业或者停止农业机械的转移，保护现场，造成人员伤害的，应当向事故发生地农业机械化主管部门报告；造成人员死亡的，还应当向事故发生地公安机关报告。造成人身伤害的，应当立即采取措施，抢救受伤人员。因抢救受伤人员变动现场的，应当标明位置。

二、农业机械运行安全技术条件

　　由国家质量监督检验检疫总局、国家标准化管理委员会于 2008 年 7 月发布的

GB16151—2008《农业机械运行安全技术条件》国家标准于 2009 年 7 月 1 日正式实施。其主要内容如下。

1. 整机

（1）标牌、编号、标记齐全，字迹清晰；号牌完好，安置在规定的部位。

（2）联结紧固，无缺损、裂纹和严重变形；不得有妨碍操作、影响安全的改装。

（3）不准改变原设计传动比，提高行驶速度。

（4）机组允许噪声限值，按 GB 6229 进行测量，限值符合 GB 6376 的规定：如皮带传动的轮式拖拉机动态环境噪声为 86dB（A），驾驶员操作位置处噪声为 93dB（A）。

2. 发动机

（1）发动机零部件完整，外观整洁，安装牢固。

（2）手摇启动的柴油发动机，启动爪不得外突；在环境温度不低于 5℃，在 5min 内至多启动 5 次，应能顺利启动。

（3）不同转速下工作平稳、无杂音。最高空转转速不得超过标定转速的 10%。在正常的温度及负荷下烟色正常。

（4）功率不低于标定功率的 85%；燃油消耗率不超过标定燃油消耗率的 15%。

（5）供给、润滑、冷却系统工作良好，不漏油，不漏气，不漏水。

（6）油门操纵灵活，在标定转速至停止供油之间任何位置都能固定。

（7）发动机机架无裂纹和变形。

3. 照明和信号装置

（1）发电机安装正确，无短路、断路。灯泡电压、功率符合规定，接头紧固，导线捆扎成束，固定紧。灯光开关操作方便、灵活、不得因车辆震动而自行接通或关闭。

（2）前照灯按 JB/T–6701 规定配备，安装位管正确，固定可靠。

4. 其他安全要求

（1）田间乘坐作业或运输作业时，驾驶座位必须牢靠。

（2）运输作业机组，必须装设后视镜，安装位置适宜，镜中影像清晰，能看清车后方的交通情况。

（3）外露转动部分应设有安全防护装置，各危险部位有醒目的安全标志。

第二节 农业机械产品修理、更换、退货责任规定的知识

由国家质量监督检验检疫总局、国家工商行政管理总局、农业部、工业和信息化部审议通过的新《农业机械产品修理、更换、退货责任规定》（以下简称新《规定》），已于 2010 年 6 月 1 日起施行。原国家经济贸易委员会、农业部等部门发布的《农业机械产品修理、更换、退货责任规定》（国经贸质〔1998〕123 号）同时废止。相关内容介绍如下。

一、"三包"责任

1. 新《规定》明确指出："农业机械产品实行谁销售谁负责的'三包'原则"。销

售者承担"三包"责任，换货或退货后，属于生产者的责任的，可以依法向生产者追偿。在"三包"有效期内，因修理者的过错造成他人损失的，依照有关法律和代理修理合同承担责任。

2. 新《规定》对农机销售者规定了 5 条义务，对农机修理者规定了 7 条义务，对农机生产者规定了 5 条义务。

二、"三包"有效期

农机产品的"三包"有效期自销售者开具购机发票之日起计算，"三包"有效期包括整机"三包"有效期、主要部件质量保证期、易损件和其他零部件的质量保证期。

3 个月，是二冲程汽油机整机"三包"有限期。

6 个月，是四冲程汽油机整机"三包"有限期、二冲程汽油机主要部件质量保证期。

9 个月，是单缸柴油机整机、18kW 以下小型拖拉机整机"三包"有效期。

1 年，是多缸柴油机整机、18kW 以上大、中型拖拉机整机、联合收割机整机、插秧机整机和其他农机产品整机的"三包"有效期，是四冲程汽油机主要部件的质量保证期。

1.5 年，是单缸柴油机主要部件、小型拖拉机主要部件的质量保证期。

2 年，是多缸柴油机主要部件、大、中型拖拉机主要部件、联合收割机主要部件和插秧机主要部件的质量保证期。

5 年，生产者应当保证农机产品停产后 5 年内继续提供零部件。

农机用户丢失"三包"凭证，但能证明其所购农机产品在"三包"有效期内的，可以向销售者申请补办"三包"凭证，并依照本规定继续享受有关权利。销售者应当在接到农机用户申请后 10 个工作日内予以补办。销售者、生产者、修理者不得拒绝承担"三包"责任。

三、"三包"的方式

"三包"的主要方式是修理、更换、退货，但是农机购买者并不能随意要求某种方式，而需要根据产品的故障情况和经济合理的原则确定，具体规定如下。

1. 修理

在"三包"有效期内产品出现故障，由"三包"凭证指定的修理者免费修理，免费的范围包括材料费和工时费，对于难以移动的大件产品或就近未设指定修理单位的，销售者还应承担产品因修理而发生的运输费用。但是，根据产品说明书进行的保护性调整、修理，不属于"三包"的范围。

2. 更换

"三包"有效期内，送修的农机产品自送修之日起超过 30 个工作日未修好，农机用户可以选择继续修理或换货。要求换货的，销售者应当凭"三包"凭证、维护和修理记录、购机发票免费更换同型号同规格的产品。

"三包"有效期内，农机产品因出现同一严重质量问题，累计修理 2 次后仍出现同一质量问题无法正常使用的；或农机产品购机的第一个作业季开始 30 日内，除因易损件外，农机产品因同一一般质量问题累计修理 2 次后，又出现同一质量问题的，农机用户可以凭"三包"凭证、维护和修理记录、购机发票，选择更换相关的主要部件或系统，由销售者负责免费更换。

"三包"有效期内，符合本规定更换主要部件的条件或换货条件的，销售者应当提供新的、合格的主要部件或整机产品，并更新"三包"凭证，更换后的主要部件的质量保证期或更换后的整机产品的"三包"有效期自更换之日起重新计算。

3. 退货

"三包"有效期内或农机产品购机的第一个作业季开始 30 日内，农机产品因本规定第二十九条的规定更换主要部件或系统后，又出现相同质量问题，农机用户可以选择换货，由销售者负责免费更换；换货后仍然出现相同质量问题的，农机用户可以选择退货，由销售者负责免费退货。

因生产者、销售者未明确告知农机产品的适用范围而导致农机产品不能正常作业的，农机用户在农机产品购机的第一个作业季开始 30 日内可以凭"三包"凭证和购机发票选择退货，由销售者负责按照购机发票金额全价退款。

4. 对"三包"服务及时性的时间要求

新《规定》要求，一般情况下，"三包"有效期内，农机产品存在本规定范围的质量问题的，修理者一般应当自送修之日起 30 个工作日内完成修理工作，并保证正常使用。联合收割机、拖拉机、播种机、插秧机等产品在农忙作业季节出现质量问题的，在服务网点范围内，属于整机或主要部件的，修理者应当在接到报修后 3 日内予以排除；属于易损件或是其他零件的质量问题的，应当在接到报修后 1 日内予以排除。在服务网点范围外的，农忙季节出现的故障修理由销售者与农机用户协商。

四、"三包"责任的免除

企业承担"三包"责任是有一定条件的，农民违背了这些条件，就将失去享受"三包"服务的资格。因此，农民在购买、使用、保养农机时要避免发生下列情况：①农机用户无法证明该农机产品在"三包"有效期内的；②产品超出"三包"有效期的；③因未按照使用说明书要求正确使用、维护，造成损坏的；④使用说明书中明示不得改装、拆卸，而自行改装、拆卸改变机器性能或者造成损坏的；⑤发生故障后，农机用户自行处置不当造成对故障原因无法做出技术鉴定的。

五、争议的处理

农机用户因"三包"责任问题与销售者、生产者、修理者发生纠纷的，可以按照公平、诚实、信用的原则进行协商解决。协商不能解决的，农机用户可以向当地工商行政管理部门、产品质量监督部门或者农业机械化主管部门设立的投诉机构进行投诉，或者依法向消费者权益保护组织等反映情况，当事人要求调解的，可以调解解决。因"三包"责任问题协商或调解不成的，农机用户可以依照《中华人民共和国仲裁法》的规定申请仲裁，也可以直接向人民法院起诉。

第三节　环境保护法规的相关常识

《中华人民共和国环境保护法》（以下简称环境保护法）于 1989 年 12 月 26 日第七届全国人民代表大会常务委员会第十一次会议通过并实施，全文共六章四十七条。现将相关内容介绍如下。

一、环境和环境污染定义

环境是指影响人类生存和发展的各种天然的和经过人工改造的自然因素的总体，包括大气、水、海洋、土地、矿藏、森林、草原、野生生物、自然遗迹、人文遗迹、自然保护区、风景名胜区、城市和乡村等。

环境污染是指危害人体健康和人类生活环境的一种污染现象，包括排放废气污染、废液污染、废固体物污染、噪声污染等。

二、设施农业环境保护的技术措施

1. 严格执行危险品储存管理制度。保管好易燃、易爆或具有腐蚀性、刺激性和放射性的物品。

2. 控制车辆废气的排放。车辆在室内长时间运转时，应注意通风，及时用管道把废气排出室外。

3. 废的液态残余物，可按处理方法相同的废物存放在一起，直接在废物倾倒地点分别用桶进行收集处理，不允许将废油液等以任何途径进入周围环境而造成环境污染。如 1L 废机油可污染 100 万升纯净水。

4. 废的固态残余物，按日常生活垃圾进行处理，分类集中后出售给废品收购部门。

5. 废水可采用污水净化装置处理。

6. 噪声应控制在环境标准要求之内。

第四节　农业机械安全使用常识

在农业生产中，由于不按照农业安全操作规程去作业造成的农机事故占事故总数的 60% 以上。这些事故的发生，给生产、经济带来不应有的损失，甚至造成伤亡事故。因此，必须首先严格遵守有关安全的操作规程，确保安全生产。

一、使用常识

1. 使用农业机械之前，必须认真阅读农业机械使用说明书，牢记正确的操作和作业方法。

2. 充分理解警告标签，经常保持标签整洁，如有破损、遗失，必须重新订购并粘贴。

3. 农业机械使用人员，必须经专门培训，取得驾驶操作证后，方可使用农业机械。

4. 严禁身体感觉不适、疲劳、睡眠不足、酒后、孕妇、色盲、精神不正常及未满

18 岁的人员操作机械。

5. 驾驶员、农机操作者应穿着符合劳动保护要求的服装，女同志应将长发盘入工作帽内。禁止穿凉鞋、拖鞋，禁止穿宽松或袖口不能扣上的衣服，以免被旋转部件缠绕，造成伤害。

6. 作业、检查和维修时不要让儿童靠近机器，以免造成危险。

7. 启动机器前检查所有的保护装置是否正常。

8. 熟悉所有的操作元件或控制按钮，分别试用每个操控装置，看其是否灵敏可靠。

9. 不得擅自改装农业机械，以免造成机器性能降低、机器损坏或人身伤害。

10. 不得随意调整液压系统安全阀的开启压力。

11. 农业机械不得超载、超负荷使用，以免机件过载，造成损坏。

二、防止人身伤害常识

1. 注意排气危害。发动机排出的气体有毒，在屋内运转时，应进行换气，打开门窗，使室外空气能充分进入。

2. 防止高压喷油侵入皮肤造成危险。禁止用手或身体接触高压喷油，可使用厚纸板，检查燃油喷射管和液压油是否泄漏。一旦高压油侵入皮肤，立即找医生处理；否则可能会导致皮肤坏死。

3. 运转后的发动机和散热器中的冷却水或蒸汽接触到皮肤会造成烫伤，应在发动机停止工作至少30min后，才能接近。

4. 运转中的发动机机油、液压油、油管和其他零件会产生高温，残压可能使高压油喷出，使高温的塞子、螺丝飞起造成烫伤。所以，必须确认温度充分下降，没有残压后才能进行检查。

5. 发动机、消音器和排气管会因机器的运转产生高温，机器运转中或刚停机后不能马上接触。

6. 注意蓄电池的使用，防止造成伤害。

第四章　设施水产养殖装备常识

第一节　设施水产养殖基础知识

一、设施水产养殖的概念和特点

（一）设施水产养殖的概念

设施水产养殖是利用人工建造的设施（如人工开挖的鱼池、建造的网箱、工厂化养殖场等），配置和利用其他水产养殖设备、仪器（如增氧机、投饲机、测氧仪等）对水产品生长的水质环境进行全过程的操作管理控制，为水产品生长提供最佳环境和最经济的生长空间，从而获得较高的水产品品质和产量，获取最佳的经济效益的一种水产养殖方式。

（二）设施水产养殖的特点

设施水产养殖是依靠科技进步而形成的高技术、多学科、绿色环保、资源节约、资本密集可持续发展的新产业，是高效农业的具体体现。它摆脱了传统渔业是依靠自然环境对水产品获取的控制，对常规水产养殖方式进行了革命性的发展，是一项技术要求高、管理要求精细的系统性工程。它是生物、环境、机电、饲料、工程等技术的有机结合，所以这项工程的实施需要依靠高素质的人才队伍，要有一定的资金投入。在土地资源日趋紧张、环境保护不断受到挑战的形势下，设施水产养殖是可持续发展的先进水产养殖方式。

二、设施水产养殖的方式和品种

我国是设施水产养殖世界大国，仅池塘养殖面积约 2 000 万亩（15 亩 = 1 公顷。全书同），养殖产量位居世界第一。设施水产养殖的主要对象是鱼类。地球上鱼类有 2 万种左右，生活在海洋和内陆水域，淡水中的鱼类有 9 000 余种。

（一）设施水产养殖的方式

根据设施水产养殖形式的不同，可分为池塘养殖、网箱养殖、工厂化养殖等。

根据设施水产养殖水质的不同，可分为淡水养殖和海水养殖。

根据设施水产养殖环境条件不同，可分为江河、湖泊、水库、稻田、池塘、车间温泉工厂、浅海、滩涂、港湾养殖等。

（二）设施水产养殖品种

1. 淡水养殖

（1）淡水鱼　我国淡水鱼有 800 多种，其中，250 种左右有经济价值，其中，产量高且具有重要经济价值的种类有 40 多种，主要包括：鳇（西北鲤科无鳞）、中华鲟（史氏鲟、匙吻鲟）、白鲟（国家重点保护动物）、团头鲂、长春鳊、鲤、鲫、鲥、节虾虎鱼（幼鱼俗称春鱼）、泥鳅、太湖新银鱼、公鱼、银鱼（多种）、大鲵、鲑（大马哈鱼)、鳟(虹鳟、锦鳟、琵琶鳟)、草、鲢、鳙、青、鳜(多种)、鲶、黄颡(多种)、乌鳢(黑鱼)、鳗鲡、黄鳝、河鲀、鲻等属于我国原产珍贵品种。从国外引进大量养殖的有虹鳟、尼罗罗非鱼、淡水白鲳、革胡子鲶、南方大口鲶、长吻鮠、斑点叉尾鮰、大口黑鲈、巴西鲷。

草鱼、鲢鱼、鲤鱼、鲫鱼是我国传统的养殖品种;另外,青鱼、鳙鱼、团头鲂、罗非鱼、鳜鱼、乌鳢、鲶鱼、鲷鱼等也是渔民喜爱的养殖品种。

(2)淡水甲壳动物 罗氏沼治虾、长臂虾、中华绒螯蟹(大闸蟹)。

(3)其他 金鱼、锦鲤、鳖(甲鱼、团鱼)、乌龟、蛤蚧、宽体金线蛭等观赏及药用水产品也有养殖。

2. 海水养殖

将生活在海水中的鱼、虾、贝、藻用人工的设施,模仿它们的生存繁殖环境、人工育苗或采集野生苗种进行人工养殖的行业,称为海水养殖行业。

计有以下主要类别:

(1)贝类养殖 是海水养殖发展历史最长、技术最成熟的行业。采用海洋伐架吊养、养殖区放苗养殖;滩涂撒播养殖;网围养殖;陆上池养,缸养,养虾池、养鱼池塘混养等方式。

养殖品种为双壳类,单壳类软体动物。如杂色蛤、西施舌、文蛤、乌贝、毛蛤、血蛤(瓦楞子)、扇贝(海湾扇贝、虾夷扇贝、太平洋扇贝)、贻贝(海红、淡菜)、竹蛏、蛏、牡蛎(夏威夷牡蛎、太平洋牡蛎)、海螺、棘皮动物的海肠子、海胆(马粪海胆、紫海胆)、海星、海参(刺海参、茄参)鲍等。其中,海参、鲍属高价值水产,扇贝为海珍品干贝的原料。

(2)藻类养殖 海带、裙带藻、紫菜、枝角藻、螺旋藻养殖等,多采用陆上人工育苗,海上伐架养殖方式进行,也进行池塘养殖作水产饵料。

(3)养虾(甲壳类) 中国对虾(东方对虾)、日本对虾、斑节对虾、南美洲褐、兰、白对虾等品种是当前主要养殖品种,多采用土池、水泥池,浅海围网圈养,网箱深海养殖及放流增养殖等。

琵琶虾、灯笼虾、三疣梭子蟹、虎头蟹等采用育苗养殖或者采野生苗养殖,幼蟹暂养殖育肥后出售,已形成较大的产业。南方有海马、海龙养殖业兴起。

海蜇养殖属于国家行为,由相关单位育苗,放流增养殖,在休鱼期过后,凭捕捞许可证收获。

(4)海水鱼类养殖 海水养殖最早是养河鲀(廷巴鱼、斑点、东方鲀、蓝星东方鲀等),出口日本、南韩,已有40多年的历史。近十年,鲷科(真鲷、黑鲷、鲷)、马面鲀(剥皮狼、马驳鱼)、鲆科(大棱鲆,如石斑鱼、大黄鱼、小黄鱼、石首鱼、比目鱼)均有养殖。

几乎所有海水养殖的鱼类均属于捕食性鱼,小杂鱼虾、鱼粉是主要饲料原料。

3. 海、淡水可以兼养的品种

经过驯化有些品种可以从淡水过渡为海水或半咸水养殖,反之亦然,兼养提高了适养范围,充分利用养殖设施,改善品味,提高养殖业的经济效益。兼养主要利用其在淡水内生长发育,在海水中产卵繁殖的品种:鳗鲡、鲻(南)、鲅(北方)、尼罗罗非鱼、河蟹、南美白对虾（淡水驯化后陆养）、大马哈鱼（鲑）。

三、设施水产养殖对水质的质量要求

（一）水质的重要意义及其影响因素

所有的水产养殖动物都不能离开水而生存，都需要吸收溶解于水中的氧气（溶解氧）进行呼吸活动，有些品种的皮肤、肺已经能进行气体交换（龟、鳖、鳗、黄鳝、泥鳅、乌鳢、河蟹等），但仍离不开水的滋润。水生动植物（称浮游生物），水生高级动植物，都要进行光合作用和呼吸运动，对气体交换产生影响。水质环境的优劣直接影响鱼类的生长和存活。污染的水质给鱼类生活带来恶劣的环境，可造成鱼类大批死亡。

一般来说，水质污染的途径主要来自含有各种有毒成分的工业污水和被农药污染的水体。影响水质的主要因素有：有机物碎屑、残饵、死亡的动植物尸体；海湖入口河叉的农业化肥农药残留物及毒物；海区由于各种因素引起的水质变化，如密集滩涂养殖引起的富营养化；某些旺发藻类或水生生物排泄的毒性物质，俗称赤潮，都对养殖水体产生重要影响；甚至天气突然变化的水体分层、泛池、低气压、暴雨、久旱等都可在短期内造成水产养殖的巨大损失甚至全军覆灭，血本无归。

因此，水质是水产养殖业的最重要物质基础和技术指标。观察检测水质、调控水质是养殖业者每时每刻都不敢松懈的日常工作内容，是养殖成败的技术关键。

（二）水质的形成因素及质量要求

以淡水养殖为例。

1. 淡水养殖对水质的质量要求

淡水养殖对水质的质量要求：俗称"肥、活、嫩、爽"4个字。

（1）肥 水生动物的不同生长阶段，食性是不同的。在野生环境中没人投饵的情况下仍长到50g，靠的是水的"肥"度，靠水中的营养物质供应。营养物质多称为"肥水"，营养物质少称为"瘦水"。在一定限度内肥水生长快、发育好；瘦水生长慢甚至饿死或不繁殖。

水中除鱼虾蟹鳖外，还生存着大量的单细胞、多细胞的微小动植物体，简称浮游动植物，如绿藻、蓝藻、硅藻、田藻、金藻、黄藻；各种单细胞原生动物、枝角类水蚤、轮虫、水生环节类动物（如水蚯蚓）、软体动物（贝类）、水生昆虫。此外，水生高等植物，统称管束类水生植物。

浮游生物、水生动物、水生植物三大类构成了水体营养物质的三大家族，它们本身就处于动态平衡之中，而水产养殖动物则处于水生动植物生物链的高端地位。

由于水产动物处于不同的水体环境之中，进化过程中形成了各自的不同食性、生活习性和繁殖习性，它们的生存数量直接影响着食物链的各环节的消长，能够达到平衡时则水质良好，否则水质会发生变化，危及水产动物的生存。

水体本身生物群落的盛衰影响水质；人为的改变环境，水体交换，投饵，施肥，会更快和更严重地影响水质。

在不投饵料的情况下，水生动物可以生存和生长发育的水体营养供应量，可以满足水产养殖动物营养需求的1/3～1/2（池塘环境），在野生环境下则满足其全部。这就提出了培肥水质的问题。

利用水体中天然物的生产力培养或接种优良水生浮游生物或动物是基本方法；用施肥增加某些营养盐的方法是快速肥水方法；应用某些化学或有机物，促进水生动植物生长繁殖或抑制某些种群生长，也在生产中和疾病防治中应用，这称为调控水质。

（2）活　水体过肥，水生动植物生长繁殖过盛，就会走向肥的反面。水生植物白天光合作用时吸收水中的二氧化碳、氨氮、硫化氢等有害物质，放出氧气，生成溶解氧，甚至使水体溶解氧过饱和。过饱和的溶解氧长时间也会对水产动物造成损伤，代谢加快，使水体有机物加速腐败。而夜里或无阳光情况下，所有的动植物体均吸收氧而放出二氧化碳，动植物群体过大，则在氧耗尽（多在黎明或阴雨天）时，水生动物会发生浮头死亡。

浮游动植物并不是都对水产动物有益的，金藻、蓝藻、束丝藻等大量繁殖，它们本身或其尸体分解物有毒，败坏水质，亦即赤潮发生。海区赤潮可以危及所有纳水养殖场。

水体新鲜，进排水通畅曰活，使有益生物保持强势曰活。

（3）嫩　水体中没有大量的生长老化的植物性藻类及水生植物，没有过多的动植物尸体，氨氮、硫化氢含量合格时为嫩。

幼小的水产动物，喜食鲜嫩的植物和初生的水蚤类及水生昆虫幼体，当这些食物老化或壳体硬固后，一方面不好吞咽，另一方面不便于消化。

（4）爽　水体没有动植物尸体的腐败味，温度适宜，交换性好，溶解氧补充及时，称为爽。

换水、开增氧机、混合饲养促进有害物质互为利用等，如在养虾池中养贝类或海参，贝类或海参利用残饵和有机物碎屑，净化水质，使虾、贝、参都得到良好生长等。

2. 水质检测的常用项目和指标

（1）水温　鱼类是变温动物，它的生命活动随着水温的变化有明显变化。水温的高低直接影响水生动物的新陈代谢水平，各种动物均有最适合生长发育的温度范围。养殖的鱼类大多喜欢生活在比较温暖的水里，适宜的水温一般在 15～32℃。在适宜的水温范围内，鱼类新陈代谢增强、摄食旺盛、生长发育快。水温过高则摄食减少，离开适宜水层避暑或热死；水温过低则减少摄食，过低温则钻入洞穴，不能钻洞则冻伤致死。适宜鱼类生长的水温，我国南方地区一年中有 7～9 个月的时间，长江流域有 5～6 个月的时间，北方地区有 4 个月左右的时间。

热带温水鱼需水温较高，如罗非鱼、革胡子鲶；冷水性鱼则相对低水温，如虹鳟18～23℃最适宜；温带鱼，如四大家鱼，属于广温性鱼类。地下水应先曝气然后再注入鱼池。

（2）溶解氧　热带鱼对溶解氧需求较低，寒带鱼较高。低溶解氧使呼吸加快，再低则浮头，甚至死亡，一些具有副呼吸器官的鱼，如鳝、胡子鲶，耐低溶解氧的能力强，可以适当增加放养的密度。

水中溶解氧量的理想要求是在 5～8mg/L，至少应保持在 4mg/L，不低于 3mg/L，高密度精养后期不得低于 4mg/L。溶氧量低于 3mg/L 时影响鱼类生长。一般来说，2mg/L 的溶解氧属最低溶解水平。若溶氧量低于 1.5mg/L 可造成鱼类因缺氧而大批死亡。此外，溶解氧过高鱼虾容易得气泡病。

（3）pH 值　不同的鱼类对酸碱的适应能力不同，四大家鱼（青、草、鲢、鳙）、鲤、鲫、团头鲂等均喜欢偏碱性的水域，最适宜 pH 值应在 6.5～9.0，不高于 9.2；海水养殖在 7.5～8.5，每日差别不得大于 0.5。如当水体 pH 值小于 4.2 或大于 10.5 时，鱼类将出现死亡；pH 值在 4.2～7 或 8.5～10.5 会造成鱼类生长缓慢，饲料系数偏高，增加养殖成本，影响经济效益。但夏天晴天中午，由于光合作用 pH 值会短时间升高到 9.5～10.0，对其影响不大。

另外，pH 值间接显示水体中水生植物群体繁殖浓度和植物光和作用强度。pH 值高，显示水肥，但过肥时，夜间植物耗氧也会相应增加，黎明时往往出现 pH 值急剧降低，溶解氧过低，使水产动物浮头；同时，肥的水体，植物死亡的尸体也多，腐败时耗氧并产生氨氮、硫化氢等有害物质和酸性产物可导致 pH 值急剧下降，败坏水质，引起鱼虾死亡。

（4）透明度　用一个涂成白色，直径 15～30cm 的圆盘，垂直钉一根带刻度（每厘米 1 格）柄，伸入水体中，白盘隐约可见时的厘米数称为透明度。

透明度是水体中悬浮的有机物碎屑和浮游动植物（浮游生物）浓度的数量显示，是水体肥度的指标。水肥则透明度小，水瘦则透为明度大。

鲢、鳙等滤食性鱼类，适宜在肥水（透明度小）中生长发育；鲤、鲫、罗非鱼等对肥水的适应性也很强。草鱼、青鱼、团头鲂则喜欢较清澈的水体；而虹鳟、大马哈鱼等喜欢在很瘦并且流动的较低温水体中生存。

（5）盐度　每千克水中含溶解盐类的克数称为盐度，盐度在 0.05% 以下的水称为淡水，海水的盐度在 0.32% 左右。传统养殖鱼类都是典型的淡水鱼，但它们对盐度都有一定的适应能力。其中，鲤、鲫对盐度适应性很强，而尼罗罗非鱼、虹鳟鱼可以经过驯化后在海水中饲养，其鲜度可与海鱼比美；对盐度适应性广的鱼称广盐性鱼，如一些河海回游性鱼类，常生活在河口的咸淡水区（盐度 0.1% 左右），如黄鳝、鲻、梭（鲈）等。

（6）水质硬度　硬度是指水体中钙、镁离子的含量。常用德国度来表示（1° = 10mg/L CaO）。钙、镁离子的含量包含在盐度范围内，也就是说海盐中除了含有 95% 以上的 NaCl 外还包含 Ca^{2+}、Mg^{2+} 和其他元素。少量的钙、镁可提高食盐的鲜度，过量则使盐味发苦、发涩。

常见养殖鱼类对硬度要求不高，但硬度可影响浮游生物的生长，间接影响水产动物的生长。如水生动植物需要钙、镁、磷等构成骨骼或细胞的支架，缺乏时生长不良造成水体肥度过低。当然，硬度过高，也会不利于水生动植物的生长，如在石灰岩地区，过多的钙使水体中没有生物，形成了钙化池现象（如四川的九寨沟、黄龙的很多湖中无鱼）。

（7）氨氮　氨氮的毒性与水的 pH 值有关，pH 值高时，氨氮可转化为对鱼虾有很大毒性的分子态氨，可损伤细胞降低和抑制基础代谢，损害鳃组织，影响气体交换，使生长迟缓严重时造成死亡。池底淤泥中大量的动植物尸体腐败后产生氨，其含量高出了上层水体十几倍甚至几十倍，成为鱼虾的死亡"谷"。检测氨氮含量是养虾、养蟹的必做项目，精养鱼池也进行检测。

水中氨氮含量应 <0.3mg/L，超过 0.3mg/L 时鱼会中毒，大于 0.6mg/L 时会使水产

动物急性中毒而死亡。养虾蟹用水氨氮水平应≤0.1mg/L，育苗水体≤0.035mg/L。

鱼虾在发生氨急性中毒时，会表现为严重不安。由于在此浓度下，水质 pH 值呈碱性，具有较强的刺激性，使鱼虾体表黏液增多，体表充血，鳃部及鳍条基部出血明显，鱼在水域表面游动，死亡前眼球突出，张口挣扎。

（8）硫化氢和亚硝酸盐　硫化氢、亚硝酸盐含量超标对水生动物都会产生直接危害，应严格控制。

硫化氢对鱼类有毒害作用，又消耗水中的溶解氧，浓度应控制在 0.1mg/L 以内，超过 0.5mg/L 时导致鱼虾蟹鳖呼吸困难，甚至中毒死亡。

亚硝酸盐（NO_2-N）对虾的毒性相当大，当浓度达到 0.1mg/L 后，亚硝酸盐会对鱼虾产生危害；当浓度超过 0.15mg/L 时，可产生严重危害；当水中的亚硝酸盐浓度达到 0.5mg/L 时，鱼虾某些新陈代谢功能失常，体力衰退，此时鱼虾很容易患病，很多情况出现大面积暴发疾病死亡。

四、设施水产养殖鱼虾类水生动物需要的营养成分

为了满足鱼虾类水生动物生长发育的需要，供给能量、维持健康及修补损失，必须供应相应的营养。用化学分析法测知鱼虾所食饵料对养殖品种生长发育有作用的成分称为营养成分。

鱼虾类最需要的营养成分有六大类：蛋白质、碳水化合物、脂肪、矿物质、维生素和水。它们均参与机体组成和新陈代谢，是生命活动所不可缺少的，这些成分能从饲料中和外界水域中获得。

五、设施水产养殖发展现状和今后的主要工作

我国设施水产养殖发展从 20 世纪 80 年代开始起步，经过 20 多年的发展，目前已初具规模，以池塘设施水产养殖为主要形式。近十年，国家对"三农"工作的支持，特别是从 2008 年开始，将增氧机、投饲机及水泵等设施水产养殖机械列入国家农机购置补贴目录，渔民购机享受 20%～30% 的农机购置补贴款，调动了渔民的购机热情，促进了设施水产养殖业的快速发展，为社会提供了丰富的水产品，许多渔民从此摆脱贫困，走上了富裕之路。

近几年虽然我国设施水产养殖业发展迅速，但整体发展水平不高，处在初始阶段，要赶上发达国家的先进水平，还要做许多工作。

1. 提高设施水产养殖机械化水平

用现代渔业机械装备替代人工，解放劳动生产力，促进生产效率的提高，逐步从池塘养殖机械化向工厂化养殖发展。

2. 提高设施水产养殖管理水平

我国设施水产养殖生产管理很大程度上还是依靠经验，与标准化，信息化、智能化管理的要求还相差甚远，要通过学习、培训掌握现代科学养殖技术，实行标准化生产，提高现场生产管理水平，达到水产品生产的优质、安全、高产、高效的生产目的。

第二节 设施水产养殖装备的种类及用途

从传统水产养殖到设施水产养殖经历了较长的发展过程，随着设施水产养殖的兴起，设施水产养殖装备得到快速发展，各种新的装备仪器不断出现，其种类、型号繁多，用途各异，展现了设施水产养殖的美好前景。

一、增氧设备

增氧设备是设施水产养殖的必备设备。其种类很多，主要有叶轮增氧机、水车式增氧机、充气式增氧机、射流式增氧机、喷水式增氧机等。增氧设备主要用途是增加水中的溶氧量，通过搅拌水体、促进水体上下循环，达到增氧曝气和改善水质的作用。

二、投饲设备

投饲机以投料形式命名的有离心式投饲机、风送式投饲机和下落式投饲机；以供料方式命名的投饲机有振动式投饲机、翻板式投饲机、螺旋式投饲机等。投饲机可以定时、定次、定量、定点、均匀自动投饲，具有省工省时，减少饲料浪费，保护水环境等特点。

三、排灌设备

在设施水产养殖中的排灌设备主要是水泵，有离心水泵、潜水泵、轴流泵、混流泵、深井泵等。水泵的用途是输送流体，在水产养殖中主要是向池塘注水和排水，保证鱼类各生长阶段的不同水位要求；注入河水或深井水调节水温；注入新水，增加水中溶氧量，提高池水透明度，加强池水光合作用，提高池塘初级生产力；抽排池塘多余和老化水体，调节水质、盐度和 pH 值，给鱼类一个适宜的水体生存环境。

四、清塘设备

在需要晒干的池塘，为了提高清塘的工作效率主要选用工程机械，如推土机、挖掘机、铲运机等。在潮湿的带水池塘的清淤主要使用清淤机械，常用的清淤机械有两栖式清淤机、牵引式清淤机、水力高压清洗机、挖塘机组和水下清淤机等，它们的主要作用是将鱼塘的淤泥进行分切、收集、提取、输送到特定的地方。

五、水质净化设备

在设施水产养殖中，水质净化主要采用生物滤池、活性滤池和水质净化机械，如生物转盘、活性碳水过滤装置、耕水机和臭氧消毒增氧机等。水质净化设备可净化和处理水中的有机物、氨氮等有害物质。

六、水质检测仪器

水质检测仪器主要有溶氧测定仪、pH 值测定仪、水温计、氨测定仪等，用于检测池塘水质状况是否符合渔业水质标准。

七、水温调控设备

水温调控设备包括锅炉系统、电加热器、太阳能加热器、热泵、热交换器、水温自控系统等。主要作用是调控鱼塘的水温，促进鱼类在最佳水温中快速生长。

八、水产育苗设备

水产育苗设备有产卵设备、孵化缸、鱼种网、鱼筛、网箱、鱼苗计数器、氧气瓶等，用于培育、采集鱼苗。

九、捕鱼设备

捕鱼设备有电赶鱼机、电脉冲装置、气幕赶鱼器、电赶鱼船、拦网船、各种绞缆机、起网机、吸鱼泵等，用于赶鱼、捕鱼和起鱼。

十、鱼运输设备

鱼运输设备有各种活鱼运输车和船、保鲜冷藏车和船，以及塑料鱼筐等，用于保鲜鱼和活鱼运送。

十一、防疫消毒设备

设施水产养殖的防疫消毒设备主要有喷雾消毒机械等。

第二部分 设施水产养殖装备操作工 ——初级技能

第五章 设施水产养殖装备作业准备

相关知识

一、机械技术状态检查的目的要求

1. 检查目的

保证设施养殖装备及时维修，作业性能良好安全可靠。

2. 检查前要求

（1）熟读产品说明书或经过专门培训，熟悉该机具的结构、工作过程。

（2）掌握机具操作手柄、按键或开关的功用和操作要领。

（3）掌握该机具的安全作业技术要求。

二、机械技术状态检查的内容

由于各装备的结构不一样、检查的内容有异，其共性内容主要包括动力部分、电源与电路、传动部分、操作部件和工作部件等。

1. 动力部分

（1）发动机 检查发动机的冷却水、机油、燃油的数量、质量和有无泄漏；输出功率和转速是否正常等。

（2）电动机 检查电动机和启动设备接地线是否可靠和完好；接线是否正确；接头是否良好；检查电动机铭牌所示额定电压、额定频率是否与电源电压、频率相符合；检查电动机绝缘电阻值和部分电机的电刷压力；检查电动机的转子转动是否灵活可靠，轴承润滑是否良好；检查电动机的各个紧固螺栓以及安装螺栓是否牢固等。

2. 电源和电路

检查电源、电压是否稳定正常；检查电路接线正确，接头牢固无松动；检查电路线无损坏绝缘良好；检查安全保险装置灵敏可靠；检查设备用电与所用的熔断器的额定电流是否符合要求。

3. 传动部分

检查外围要有安全防护装置；检查各机械连接可靠、无松动等，运转无异响；检查皮带或链条的张紧度适宜；润滑和密封性良好等。

4. 操作部件

要求转动灵活，动作灵敏可靠。

5. 工作部件

要作业可靠、符合设施养殖要求。

6. 周围环境

要求无不安全因素。

三、机械技术状态检查的方法

作业前的检查方法主要是眼看、手摸、耳听和鼻闻。

1. 眼看

（1）围绕机器一周巡视检查机器或设备周围和机器下面是否有异常的情况，查看是否漏机油、漏电等，密封是否良好。

（2）检查各种间隙大小和高温部位的灰尘聚积情况。

（3）检查保险丝是否损坏，线路中有无断路或短路现象。检查接线柱是否松动，若松动，则进行紧固。

（4）查看灯光、仪表是否正常有效。

2. 手摸

（1）检查连接螺栓是否松动。

（2）检查各操作等手柄是否灵活、可靠。

（3）手压检查传动带或链条张紧度是否符合要求。

（4）手摸轴承相应部位的温度感受是否过热。若感到烫手但能耐受几分钟，温度在 $50\sim60℃$；若手一触用就烫得不能忍受，则机件温度已达到 $80℃$ 以上。

（5）清除动力机械和其他设备周围堆积的干树叶、杂草等易燃物。

3. 耳听

（1）用听觉判断进排气系统是否漏气，若有泄漏，则进行检修。

（2）用听觉判断传动部件是否有异常响声。

4. 鼻闻

用鼻闻有无烧焦或异常气味等，及时发现和判断某些部位的故障。

四、鱼用颗粒饲料的选购和鉴别

饲料在养鱼成本中所占比例最大，精养鱼塘中饲料投入更是占到总成本的 70% 以上。在养殖产生中，只有投喂高质量的配合颗粒饲料，才能使养殖鱼类生长快、病害少、产量高、效益好。正确选购和鉴别渔用颗粒饲料，应重点做到"七看一闻"。

（1）看饲喂用途　因不同品种在不同生长阶段所需营养和饲料粒径是不相同的，所以，应根据不同的主养品种和养殖的不同阶段来选购相应的饲料。如果你养的是鲫鱼，就要买鲫鱼料，养鱼种就应选择鱼种饲料。

（2）看生产厂家　要选择信誉好、规模大的企业所生产的饲料。因为规模大、信誉好的企业有比较雄厚的资金和技术力量，他们可以保证生产的饲料营养均衡，配方科学，并有完善的售后服务。

（3）看饲料颜色　由于各种饲料原料颜色不一样，不同厂家有不同的配方，因而不能用统一的颜色标准来衡量饲料质量。但一般同一品牌或同一种类的饲料在一定的时期内的颜色是保持相对稳定的。所以在选择某一品牌的饲料时，如果同批次饲料颜色变化过大，应引起警觉。一般颜色黄表明其玉米、豆粕的比例较大，颜色深表明其鱼粉、菜粕、棉粕所占比例较重。

（4）看饲料颗粒　一般优质饲料都混合得非常均匀，颗粒大小也很一致。从每包饲料中的不同部位各抓一把进行对比，外观上很容易看出区别。一般表面光滑，颗粒均匀，粉尘少，说明制粒冷却良好。

（5）看注册商标　不同的生产厂家有不同的标签认可证编号。有标签认可证编号，表示该标签已通过省级有关管理部门审查备案，符合国家有关规定。正规厂家包装应美观整齐，厂址、电话、适应品种明确，有在工商部门注册的商标（经注册的商标在右上方都有®标注）。如产品没有注册商标，且包装上的标注内容不完善，甚至其厂址、电话都是假的，则不能购买。

（6）看水稳定性　购买前，不妨取一点样品，放在水里浸泡一段时间，看看它在水中的稳定性如何。一般优质渔用颗粒饲料在水中的稳定性应保持 15min 以上（以不散料为度），虾蟹料应在 3h 以上。

（7）看生产日期　在保质期内生产厂家对产品的质量要负责任，养殖户应在保质期内使用产品。购买的饲料在保质期内要全部喂完。

（8）闻饲料气味　好的饲料应有大豆、玉米、鱼粉的特有香味或鱼腥味，不应有霉味、"哈喇味"等其他异味。有些劣质饲料为了掩盖一些变质原料发生的霉味而加入较高浓度的香精或鱼油。因此，有些饲料尽管特别香，但并不是好饲料。

五、投饲机作业准备

1. 根据设施养鱼的种类、大小等准备鱼饲料品种、型号、数量等。
2. 将当天所需的鱼饲料运送到鱼塘投饲机边。
3. 检查投饲机的技术状态。
4. 检查电源、电压符合技术要求，电线不破损，接头牢固，开关等操作元件灵敏可靠。

六、增氧机作业准备

1. 检查养鱼塘周围无人下水。
2. 检查增氧机的技术状态。
3. 检查电源、电压符合技术要求，电线不破损，接头牢固，开关等操作元件灵敏可靠。

七、安全用电常识

1. 用电线路及电气设备绝缘必须良好，灯头、插座、开关等的带电部分绝对不能外露，以防触电。
2. 不要乱拉乱接电线，以防触电或发生火灾。
3. 不要站在潮湿的地面上移动带电物体或用潮湿抹布擦试带电的电器，以防触电。
4. 保险丝选用要合理，切忌用铜丝、铝丝或铁丝代替，以防发生火灾。

5. 所使用的电器应按产品使用要求，安装带接地线的插座。

6. 检修或调换用电的机具时，必须关机断电，以防触电。

操作技能

一、投饲机启动前技术状态检查

1. 绕机外部巡视检查

（1）查看机器周围是否有异常的情况。

（2）检查鱼塘投饲机的放置是否平稳，是否无倾斜。

（3）检查固定在投料台上投饲机是否牢固，有无松动。

（4）检查电路接头是否牢固，电线是否完好，有无破损。

（5）检查电路保护器是否正常。

（6）检查出料口有无堵塞。

（7）检查鱼饲料品种、型号、数量是否符合要求。

2. 投饲机的内部检查

（1）检查下料量调整手柄是否适当，锁紧螺母是否拧紧。

（2）检查偏心轴套上止动螺栓有无松动。

（3）检查电器控制盒设定的投料参数。

（4）接通电源，开机空载试运转。如果主电动机和振动电动机工作正常，表明投饲机可以使用。

二、增氧机启动前技术状态检查

1. 增氧机初次安装下水前的检查

（1）检查电路线径　电源为三相交流电，采用三相四线铜芯橡胶电缆，推荐线径为：ZY1.5G 增氧机 $4 \times 1.5 \text{mm}^2$，ZY3G 增氧机 $4 \times 2.5 \text{ mm}^2$，接线要牢固。

（2）检查电路安全保护装置　电路必须安装漏电、断相、欠压保护装置，以保证电路工作正常，防止电动机因欠压、缺相、线路损伤等原因造成电动机烧毁，使增氧机不能正常工作。

（3）检查电动机冷态绝缘电阻及接地装置　电动机绕组对机壳的冷态绝缘电阻应大于 $1\text{M}\Omega$，用 500V 兆欧表测量并有明显的接地标志，接地要可靠。

（4）检查增氧机浮体的净浮力　浮体的净浮力应大于 1.25 kg。净浮力是指增氧机全部浮体所产生的浮力与增氧机所受重力比值。净浮力的计算公式：

$$B = \frac{V \rho g}{g m} = \frac{V \rho}{m}$$

式中：B——净浮力，kg；

　　　V——增氧机浮体的总体积，m^3；

　　　ρ——水的密度，取 $1 \times 10^3 \text{kg/m}^3$；

　　　g——重力加速度，m/s^2；

　　　m——增氧机的总质量，kg。

（5）检查润滑油数量　使用前要向减速箱内加注 $10^{\#}\sim30^{\#}$ 机油，油液面至油标位置处。加油后减速箱不应有渗油、漏油现象，禁止倒置或侧卧。

（6）检查焊缝　焊接件焊缝应平整均匀牢固，不允许有焊穿、裂纹及其他降低强度的缺陷。

（7）检查叶轮　用手转动增氧机叶轮时应灵活无明显卡阻现象。

（8）检查连接紧固件　各连接紧固部位应无松动。

（9）空机试运转　试运转应平稳，不得有异常声响或其他异常情况，噪声 db（A）值符合国家或说明书标准。

（10）检查电动机和浮体的密封性　电动机罩壳和浮体（有金属板焊接和塑料浮筒）应严密，不能渗水。

2. 增氧机启动前的检查

（1）核对增氧机使用的电源电压，是采用 380V 三相交流电还是 220V 单相交流电源。电压波动值不超过额定电压的 ±5%，以防欠压，长期使用损坏电动机。

（2）检查尼龙或塑料绳的固定是否牢固。

（3）目测浮体有无漏水，漏水会导致增氧机位置下沉或倾斜。

（4）检查叶轮周围有无杂物等缠绕。

（5）检查电动机罩是否罩好。

（6）增氧机开机时，鱼塘任何人不得下水，以防触电和机械事故的发生。

三、电动机启动前技术状态检查

1. 检查接地线和线路

检查电动机和启动设备接地是否可靠和完整，接线是否正确，接头是否良好。

2. 检查电压和频率

检查电动机铭牌所示额定电压、额定频率是否与电源电压、频率相符合。

3. 检查电动机绝缘电阻值和电刷压力

新安装或者停用 3 个月以上的电动机，启动前应用 1 000 伏兆欧表测量绕组相对相、相对地的绝缘电阻值。绝缘电阻应该大于 $1M\Omega$，如果低于这个值，应该将绕组烘干。对绕线型转子应该检查其集电环上的电刷以及提刷装置能否正常工作，电刷压力是否为 $1.5\sim2.5N/cm$，否则应调整。

4. 检查电动机的转子转动时是否灵活可靠，滑动轴承内的油是否达到规定的油位

5. 检查电动机所用的熔断器的额定电流是否符合要求

6. 检查电动机的各个紧固螺栓以及安装螺栓是否牢固并符合要求

上述检查达标后，方可启动电动机。电动机启动之后空载运行 30s，注意观察电动机有无异常现象，如噪声、震动、发热等不正常情况，如有应查明原因，并采取纠正措施之后，方可正常运行。启动绕线型电动机时，应将启动变阻器接入转子电路中。对有电刷提升机构的电动机，应放下电刷，并断开短路装置，合上定子电路开关，扳动变阻器；当电动机接近额定转速时，提上电刷，合上短路装置，电动机启动完毕。

第六章　设施水产养殖装备作业实施

相关知识

一、投饲机标准及相关术语

SC/T6023—2011 投饲机标准由中华人民共和国农业部发布实施。该标准规定了水产养殖用颗粒饲料投饲机的型号、技术要求、试验方法、检验规则、标志、包装、运输及贮存。

该标准适用于由料箱、供料机构、投料机构及控制器等部分组成的投饲机，其投料形式分别为机械离心式投饲机、风力抛投送式投饲机和自由下落式投饲机。

（1）投饲扇形角　指投饲机抛投出颗粒饲料的着地点所形成的扇形分布区域的夹角。

（2）投饲破碎率　将抛投出的颗粒饲料按规定收集、经筛分后、筛下物的质量占收集的颗粒饲料的质量百分比。

（3）间歇闭合时间　投饲机在一个投饲工作周期的时间内供料机构每次间歇闭合（不抛投）的时间。

二、投饲机的种类型号及组成

投饲机是向水产养殖对象定时、定量投喂粒状、粉状等饲料的机械。

（一）投饲机的类型

1. 从应用范围分

（1）池塘投饲机　它是投饲机中应用最广、使用量最大的一种。

（2）网箱投饲机　根据使用状况分为水面网箱投饲机和深水网箱投饲机。

（3）工厂化养鱼自动投饲机　一般用于工厂化养鱼和温室养鱼。

2. 从投喂饲料性状分

（1）颗粒饲料投饲机　由于颗粒饲料广泛使用，此类投饲机使用量最大，技术也较成熟。

（2）粉状饲料投饲机　粉状饲料一般用于鱼苗的喂养，由于鱼苗的摄量较少，每次喂量要精确。目前，此类投饲机应用较少。

（3）糊状饲料投饲机　主要应用于鳗、鳖等的自动投喂，应用范围较窄。

（4）鲜料饲料投饲机　主要应用于以冻鲜鱼饲喂肉食性鱼类的网箱养殖中。

（二）投饲机型号表示方法

投饲机型号由专业代号、产品代号、投料形式代号、供料方式代号和投料电动机额定功率5个部分组成，用大写汉语拼音和阿拉伯数字相结合的方式表示。

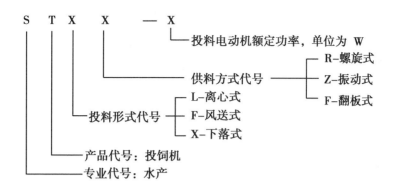

示例：STLZ－120 表示以振动方式供料的离心式水产养殖投饲机，投料电动机额定功率为120W。

（三）投饲机的组成

投饲机一般由料箱、供料装置、投料装置、控制器等部分组成，如图6－1所示。

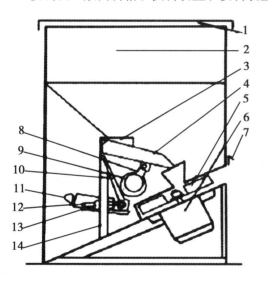

图6－1 投饲机结构示意图

1－料箱盖；2－料箱；3－接料斗；4－送料振动盒；5－抛料盘罩总成；6－主电机；7－防雨板；8－偏心连杆；9－振动电机；10－振动电机座；11－电器控制盒；12－调整手柄；13－锁紧螺母；14－机架

1. 料箱

用来盛放饲料。颗粒饲料的料箱为方桶或圆筒形，桶内下部可采用斜度较陡的漏斗，材料一般用白铁皮或黑铁皮，最近几年塑壳料箱投饲机发展也很快。

2. 供料装置

该装置主要分为振动式、螺旋式、翻板式等。投料形式主要分为离心式、风力式、下落式等。

3. 控制器

控制器主要功能是开关、定时和间隙控制功能，分为机械定时、电子定时和单片机为核心的控制器。按自动化程度又分为半自动和自动两种。

（1）半自动电器控制器 半自动电器控制器的显示内容及含义如图6－2所示。

①"主机定时时间"旋钮：用来设定投饲机的工作时间。②"开关时间"开关：用来设定落料时间的，拨到长位，落料时间为5s；拨到短位，落料时间为3s。③"微电动机投料间隔"旋钮：用来设定投料的间隔时间，有3s、5s、7s、11s和17s几个档位。④"备用常开"开关：处于开的位置是投料无间隔。⑤红指示灯亮：主电动机工作；绿指示灯亮：微电动机工作。

（2）全自动电器控制器 全自动电器控制器的显示内容及含义如图6－3所示。

①设定投料间隔时间。用户根据鱼类进食情况自行设定投料间隔时间，间隔时间最

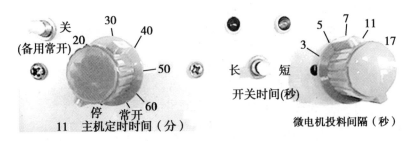

图6-2 半自动电器控制器显示面板

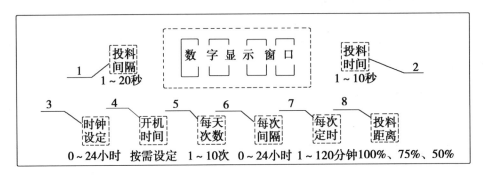

图6-3 全自动电器控制器显示面板

短1s，最长时间20s，每按一次按钮增加1s。②选定投料时间。投料时间最短1s，最长时间10s，每按一次按钮增加一秒，用户自行设定投料时间。③设定时钟。就是对钟，时间从零时到24h为一循环，每按一次按钮增加1min，按住按钮不动，可快速调整，调整到当地的标准时间为止。④设定开机时间。设定第一次开机时间，时间从零时到24h，每按一次按钮增加1min，可快速调整，设定到第一次开机时间。⑤设定每天投料次数。每天投料的次数，从第1次到10次，每按一次按钮增加一次（如每天投料3次就设定为3）。⑥设定每次投料间隔时间。每次投料间隔时间，从零时到24h，可快速调整（如每天8:00开始投料，每次投料间隔时间为4h就设定为4即可，每天投料3次，每次工作时间分别为8:00、12:00、16:00开始投料）。⑦设定每次投料时间。每次投料时间，最短投料时间为1min，最长投料时间120min，每按一次按钮增加1min，可根据投喂时间设定每次投料时间。⑧设定投料距离。投料距离，共分3档，100%投料距离最远，50%投料距离最近。

三、投饲技术的确定

投饲技术主要包括投饲量、投喂次数、投喂时间及投饲方式等。应遵循"四定"（定时、定质、定位、定量）原则，投喂在向阳、浅滩处，依照"三看"（看天气、看水质、看鱼情）灵活掌握投喂次数及时间。

1. 投饲量

随着水体中载鱼量的变动而变动。它受饲料质量、鱼的种类、鱼体大小和水温、溶氧等环境因子以及管理水平的因素的影响。

（1）饲料质量 质量好的饲料由于利用率较高，鱼类适口，可以少投些，否则应多投些。

（2）鱼的种类　以"吃食鱼"为主的养殖区应比以"肥水鱼"为主的养殖区多投些；摄食量大，争食力强较多的养殖区，投喂多些，否则应少投。

（3）鱼体规格、水温与水中溶氧量　幼鱼阶段，新陈代谢强，生长快，需要较多的营养，要多投一些，以后随着个体增重，所需营养和食物相对减少，可减少投量；鱼类是变温性水生动物，一般情况，摄食量随水温的升高而增加；溶氧亦是影响鱼类新陈代谢的主要因素之一，水中溶氧越高，鱼类摄食越旺，消化越快，投喂量应增多。

（4）确定鱼塘投饲机的投饲量　在使用投饲机之前，先要人工投喂一天，看看鱼的吃食量。要求在这一天人工投喂 3~4 次，每次连续投喂 1h 左右，投喂的时候要少撒、慢撒，仔细观察，并且详细地记录鱼群每次的吃食情况。这样，投饲量就基本确定好了。在接下来一周左右的时间里，就可以按照记录下来的饲料量用投饲机进行投喂了，最好不要随意增减投饲量。因为鱼的吃食情况会随着季节、水温、鱼体规格的不同而发生变化，所以投饵量最好每周确定一次较为适宜。

2. 投喂次数

由于淡水养殖的鱼类以鲤科"无胃鱼"为主，放鱼类一次容纳的食物不宜过多，应采用"少量多次"的投喂方式，考虑到人力及养殖规模等方面的因素，建议每天投喂 2~3 次为宜。

3. 投喂时间

投喂时间一般以上午 8:00~9:00 开始，下午 16:30~17:00 结束，每次投喂时间掌握在 20~30min。

四、增氧机的术语和型号表示方法

增氧机是一种通过电动机或柴油机等动力源驱动工作部件，使空气中的"氧"迅速转移到养殖水体中，使水中增加溶解氧的机械设备。常用的种类有叶轮式、水车式、喷水式、射流式和曝气式增氧机等。

（一）增氧机的术语

1. 输入功率

指增氧机工作时输入电动机的功率，以 P 表示，单位为 kW。

2. 增氧能力

指在规定条件下，单位时间内水体中溶解氧质量的增量，以 Q_s 表示，单位为 kg/h。

3. 动力效率

指在规定条件下，每千瓦输入功率的增氧能力，以 E 表示，单位为 kg/ (h·kW)。

（二）增氧机型号表示方法

增氧机型号表示方法，以叶轮式和水车式增氧机为例。

1. 叶轮增氧机型号表示

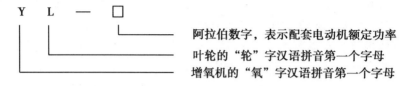

示例：YL-3.0 表示配套电动机额定功率为 3.0kW 的叶轮增氧机。

2. 水车式增氧机型号表示

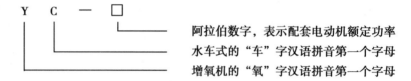

示例：YC-1.5 表示配套电动机额定功率为 1.5kW 的水车式增氧机。

五、增氧机的功用类型结构及适用范围

（一）增氧机的功用

增氧机的功用使空气中的"氧"迅速转移到养殖水体中，增加水体中的溶氧量；它可综合利用物理、化学和生物等功能，不但能解决池塘养殖中因为缺氧而产生的鱼浮头的问题，而且可以消除有害气体，促进水体对流交换，改善水质条件，降低饲料系数，提高鱼池活性和初级生产率，从而可提高放养密度，增加养殖对象的摄食强度，促进生长，使亩产大幅度提高，充分达到养殖增收的目的。

（二）增氧机的类型结构及适用范围

1. 叶轮增氧机

叶轮增氧机的型号较多，就叶轮而言，又分为倒伞叶轮和深水叶轮。但基本结构是一致的，主要由电动机、减速箱、叶轮、支撑杆、浮球等部分组成，如图 6-4 所示。

（1）电动机　增氧机的动力通常采用 Y 系列四极电动机。电动机功率为 0.75～3.0kW。电动机上应加装不碍通风的防雨罩，以防日晒雨淋。电源线采用三相四线橡胶电线，电动机接线柱应加弹簧垫圈，以防振动脱线。

（2）减速箱　减速箱的作用是把电动机的转速降低，以便用较小功率电动机带动大叶轮，增加水跃范围。通常减速箱采用二级圆柱斜齿轮减速。亦有采用三角皮带减速或三角皮带—齿轮减速。此外，还有三角皮带-蜗轮蜗杆传动和行星摆线齿轮传动或少齿差传动。

（3）叶轮　倒伞叶轮主体为一倒圆锥体，中间加一隔板，由钢板焊接或注塑成形。

（4）支撑杆　均系钢管制作，用以连接浮筒与减速箱体。一台增氧机采用 3 根撑杆，有的还设有水位调节装置。

（5）浮球　现为吹塑而成。一台增氧机用 3 只浮球。

叶轮增氧机具有增氧、曝气和搅拌水体等综合作用，促使池塘养鱼高产稳产，适应面广。是目前最多采用的增氧机，年产量约15万台，其增氧能力、动力效率均优于其他机型，但它运转噪声较大，一般用于水深1m以上的大面积的池塘养殖。

2. 水车式增氧机

水车式增氧机主要由电动机、减速箱、机架、浮船、叶轮 5 个部分组成，如图6－5所示。

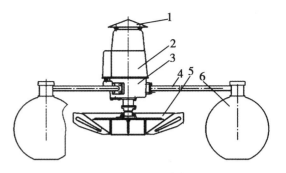

图6－4 叶轮增氧机结构示意图

1－防雨罩；2－电动机；3－齿轮箱；
4－支撑杆；5－叶轮；6－浮球3只

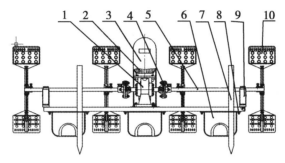

图6－5 水车式增氧机结构示意图

1. 减速箱；2－电动机；3－罩壳；4－弹性接头；5－叶轮传动轴；
6－浮船；7－固定杆；8－机架；9－支座；10－叶轮

（1）电动机 电动机功率一般都较小，在0.5～1.5kW。大于1.5～3kW的在国内较少见。

（2）减速箱 常用的有蜗轮蜗杆减速器，皮带一齿轮减速器和二级齿轮减速器。在电动机质量保证的前提下，减速箱的质量决定了一台水车增氧机的寿命。

因叶轮搅水泛起水花，故应设防雨罩将电动机、减速箱加以保护，但要保持良好通风。此外，减速箱要用机油飞溅润滑，要严格密封，定期更换机油。

（3）机架 用来支撑整机重量。电动机、减速箱、主轴、叶轮、轴承座均支承在机架上。而机架则装在浮船上，使之保持在水平线上。机架一般用不锈钢方管焊接而成。轴承座采用注塑制成，呈单凹支承。有的产品采用酚醛夹布塑胶轴瓦或尼龙轴承，寿命长。机架还用于将机器固定于水面上的一定位置，不致因搅水或风力而移动。

（4）浮船 现多采用中空吹塑成船形，也可用聚苯乙烯泡沫塑料或玻璃钢管。一般机型在电动机一减速箱一侧较重，故两只浮筒尺寸不尽相同。此外，由于考虑到工作时叶轮搅动力对机体产生一个扭力矩，因此，叶轮轴系在浮筒上的支承点应偏置，使得机体在静态时，与水面保持少量倾斜。而开机后，机架与水平面基本保持平行。

（5）叶轮 水车增氧机可以设单叶轮或双叶轮，甚至三叶轮，其结构也是多种多样的。单叶轮多数是在圆筒上焊几排角铁，角铁开口顺着旋转方向，在筒上呈螺旋线分布。现常见的双叶轮是采用叶片式的，即在轮壳上装 6～8 片叶片，叶片上开有小孔或长形孔，以减轻重量和水的阻力，且可造成更多水花、水珠。现叶轮多为注塑成型。

目前，两叶轮大多平衡地配置于机体和浮筒的两侧，称为双输出轴型式，其增氧和工作水流的环流效果都优于叶轮于浮筒之间的单输出轴的机型。

水车式增氧机在增氧、搅水和曝气的同时可造成养殖池中定向水流，有利于鳗鱼、虾的养殖。其通过搅水板搅动表层的水体，使养殖水体与空气的接触面扩大而增加水体溶氧量，进而达到良好的增氧及促进水体流动的效果。对于增加水中溶氧量、解救鱼类浮头都具有很好的效果。水车式增氧机动力效果好，推流混合效果较强，其旋转的线速度较低，不会对鱼、虾造成损伤。适用于淤泥较深、面积 $1\,000 \sim 2\,540\text{m}^2$ 的池塘使用。

3. 射流式增氧机

射流式增氧机有多种结构形式，主要由主机、浮体机构、支承机构、防淋水机构等组成，如图6-6所示。其主机与浮体机构通过调节杆连接，调节杆可调节主机的射流角度以满足不同水深的需要。

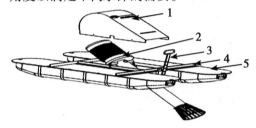

图6-6　射流式增氧机结构示意图
1-防淋水机构；2-主机；3-调节手柄；
4-支承机构；5-浮体机构

射流式增氧机主要工作部件是射流器，又称引射器。它依靠高压流体——水，流经喷嘴后，形成的高速流——射流，引射了另一种低压流体——空气，并在装置中进行能量交换与物质掺混，从而达到增氧目的。

射流式增氧机射流管可以任意调节角度，能够提高空气与水的接触面，能使空气中的氧气充分溶解到水中。工作时螺旋桨式叶轮带动水体高速流动形成负压而吸入空气，空气混合在水体中形成许多水泡使水体

增氧。但它的不足之处是增氧效率较低，所以，通常配合其他增氧机使用。由于射流增氧与鼓风机械相比，其设备简单，造价低，工作可靠，维护管理方便，噪声低，动力效率较高，通用性强，所以近几年来也应用于水产养殖，适用于育苗、养虾、养鱼、活鱼运输和北方冰下水体增氧等。

4. 喷水式增氧机

该机主要由电动机、水泵和浮体3部分组成，水泵一般为潜水泵或轴流泵，在水泵出口处常安装倒伞式喷嘴，使其出水成水膜状。

作业时，水泵底部吸水，通过喷嘴高速向上喷出，造成水膜和水花，扩大了水和空气的接触面积，同时水膜和水花散洒水滴洒落在水面上增加界面接触。从而增加水中溶氧量，其特点是水的混合度较好，既能把底部水吸到水表面，又加速了水的垂直交换，其形似喷泉。

它具有良好的增氧功能，但其耗功较多，可在短时间内迅速提高表层水体的溶氧量，同时还有艺术观赏效果，适用于园林或旅游区养鱼池使用。

5. 充气式增氧机

该机对水越深增氧效果越好，适合于深水水体中使用。

6. 吸入式增氧机

吸入式增氧机通过负压吸气把空气送入水中，并与水形成涡流混合把水向前推进，

因而混合力强。它对下层水的增氧能力比叶轮式增氧机强，对上层水的增氧能力稍逊于叶轮式增氧机。

7. 涡流式增氧机

该机主要用于北方冰下水体增氧，增氧效率高。

8. 增氧泵

增氧泵因其轻便、易操作及单一的增氧功能，故一般适合水深在 0.7m 以下、面积在 400m² 以下的鱼苗培育池或温室养殖池中使用。

9. 新型的增氧机

随着渔业需求的不断细化和增氧机技术的不断提高，出现了许多如下具有不同功能的新型增氧机。

（1）耕水叶轮式增氧机

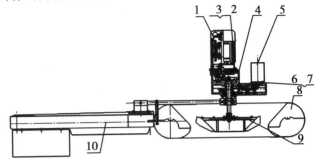

图6-7　耕水叶轮式增氧机结构示意图

1-叶轮电机；2-螺栓；3-弹垫；4-减速箱总；
5-耕水电；6-螺栓；7-弹垫；8-圆浮体总成；
9-叶轮总成；10-浮体叶片组件

该机主要由主电动机、副电动机、防雨罩、减速箱总成、叶轮、浮体叶片、圆浮体总成和支撑杆、定位杆等组成，如图6-7所示。

它具有耕水机和叶轮增氧机的双重功能，既能耕水搅拌水体、净化水质，又可快速增加水中溶解氧。

（2）臭氧消毒增氧机　该机主要由潜水泵、潜水电动机、防雨罩、臭氧装置、导气软管、喷管、浮船和支架等组成，如图6-8所示。它具有增氧、消毒、灭菌和调理水质的多种功能，该机的使用可减少鱼病发生，为渔民节省大量用药成本，且无二次污染，保护环境，是现代水产生态养殖急需的新型养殖设备。

（3）浮动式微孔曝气增氧机　该机有固定式和浮动式 2 种，基本结构原理相同，主要由电动机、风机总成、防雨罩、管道总成、软管、曝气管和机架等组成。固定式微孔曝气增氧机其主管放置在塘埂上，如图6-9所示。浮动式微孔曝气增氧机要增加浮船总成，其主管放置在浮船上，如图6-10所示。

①风机总成由风机、电动机、三角带和底座组成，是机器的主要部件。新风机或修后安装的风机应检查其转向，必须符合转向标牌指示方向，否则风机不能正常排气。风机总成通电试运转，工作正常后再带负荷运转。

②管道总成由 PVC 塑料管、单向阀、支管阀门开关和支管接头组成。

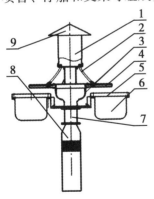

图6-8　臭氧消毒增氧机结构示意图

1-臭氧发生器；2-橡胶软管；3-储水桶；
4-喷管；5-机架；6-浮体；
7-接长管道；8-潜水泵；9-防雨罩

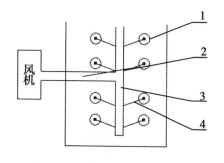

图6-9 固定式微孔曝气增氧机示意图

1-微孔曝气盘；2-主管；

3-支管；4-连接软管

③微孔曝气盘由微孔曝气管、支架和软管组成。微孔曝气管固定缠绕在支架上，使曝气管可随支架沉入水底，并使曝气管离水底10cm左右，不与水底淤泥接触。软管与曝气管连接，软管另一头连接管道总成，进行通气。通过软管可收取曝气盘和移动曝气盘。

微孔曝气可有效增加水体底部溶解氧的同时，能有效促进底部有毒有害物质的

管道总成各接口应用密封胶或生料带密封，不能漏气，保证机器正常工作，达到充气增氧的效果。

管道总成单向阀要安装水平的主管道上，管道内径不得小于风机风口通径，保证通气量，在停机时可防止气体倒流损伤风机，并可防止污水进入曝气管，造成微孔阻塞，延长了曝气管使用寿命。

正常工作时，支管阀门开关要全部开启，发现某个曝气盘气量减少、漏气，可关闭支管阀门，将出现问题的曝气盘取出进行维修或更换，而不影响整机工作。

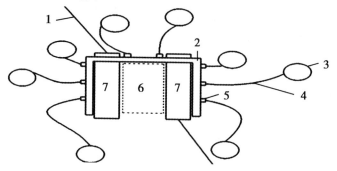

图6-10 浮动式微孔曝气增氧机示意图

1-固定绳；2-主管道；3-曝气盘；4-软管；

5-控制阀；6-风机电机；7-浮船

氧化分解（如氨氮、亚硝酸盐、硫化氢等），改善底部环境。该机具备节能高效，促进鱼池生态良性循环安全性，操作方便等特点，蟹池、虾池使用较多。

（三）四种增氧机效用对比

增氧机是设施水产养殖必备的机器设备，随着水产养殖技术的发展，选择使用不同形式增氧机以适应不同养殖对象的需要。4种主要形式增氧机效用对比见表6-1，增氧机增氧能力和动力效率要求见表6-2。

表6-1 4种主要形式增氧机效用对比表

型号	应急增氧能力	搅水能力	曝气能力	使用特点	应用范围
叶轮增氧机	优	优	良	可形成环流，噪声较大，可服务较深水体，促使池塘养鱼高产稳产	适用于各类鱼类养殖
水车式增氧机	良	良	良	可形成定向水流，噪声较大，可服务较浅水体	有利于虾、鳗鱼的养殖

型号	应急增氧能力	搅水能力	曝气能力	使用特点	应用范围
射流式增氧机	中	中	良	水流喷射，提高空气与水的接触面，能使空气中的氧气充分溶解到水中；不损伤鱼体，噪声低，可服务较深水体	
微孔曝气增氧机	差	差	优	水体紊流小，噪声低，净化水质，节能高效，促进鱼池生态良性循环安全性，操作方便等特点	蟹池、虾池使用较多

表 6 - 2　增氧机增氧能力和动力效率要求

型号	电动机功率（kW）	动力效率（kg/kW/h）	增氧能力（kg/h）	噪声 db（A）
ZY1.5G 叶轮增氧机	1.5	≥1.5	≥2.25	≤100
ZY3G 叶轮增氧机	3.0	≥1.5	≥4.5	≤100
YC - 0.75 水车式增氧机	0.75	≥1.25	≥1.1	≤78
YC - 1.5 水车式增氧机	1.5	≥1.25	≥1.4	≤80

　　注：增氧能力：指增氧机在单位时间内向水体产生溶解氧的增量，它是衡量性能优劣的重要指标；

　　动力效率：指增氧机在单位时间内每千瓦输入功率的增氧能力，它是一项重要的经济性能指标；

　　空运转噪声：指增氧机空运转时产生的噪声，它反应增氧机零件的加工和装配质量保证程度

六、增氧机的配备

（一）增氧机的配备原则

　　增氧机的选配原则是既要充分满足鱼类正常生长的溶氧需要，有效防止缺氧死鱼和水质恶化降低饲料利用率和鱼类生长速度，引发鱼病现象的发生，又要最大限度地降低运行成本，节省开支。因此，选择增氧机应根据池塘的水深、不同的鱼池面积、养殖单产、增氧机效率和运行成本等综合考虑。

　　据测定，每千克鱼每小时耗氧总量约为1.0g，其中，生命活动耗氧约为0.15g，食物消化及排泄物分解耗氧约为0.85g。以 10 亩（6 667m²）面积的精养鱼池为例，增氧机的配备见表 6 - 3。

表 6 - 3　10 亩鱼池不同养殖单产增氧机配备表

养殖单产（kg/667m²）	400	500	600	700	800	900	1 000
耗氧总量（kg/h）	4	5	6	7	8	9	10
1.5 kW 叶轮增氧机（台）	1~2	2	2~3	3	3	3~4	4
3.0 kW 叶轮增氧机（台）	1	1	1	1~2	1~2	2	2
2.2 kW 喷水式增氧机（台）	2	2	2~3	3	3~4	4	4~5
1.5 kW 水车式增氧机（台）	2	2	3	3	4	4	4~5

（二）增氧机的配备

1. 确定增氧机的装载负荷

确定装载负荷一般考虑水深、面积和池形。长方形池以水车式最佳，正方形或圆形池以叶轮式为好；叶轮增氧机每千瓦动力基本能满足 3.8 亩（约 2 530m²）水面成鱼池塘的增氧需要，4.5 亩（约 3 000m²）以上的鱼池应考虑装配两台以上的增氧机。

2. 增氧机的安装位置

增氧机应安装于池塘中央或偏上风的位置。一般距离池堤 5 m 以上，并用插杆或抛锚固定。安装叶轮增氧机时应保证增氧机在工作时产生的水流不会将池底淤泥搅起。另外，安装时要注意安全用电，做好安全使用保护措施，并经常检查维修。

七、增氧机安全操作注意事项

1. 增氧机采用 380V 三相交流电，电源一定要使用专用电路，接电要由专业电工按照用电安全操作规程进行。

2. 电动机必须安装漏电、断相、欠压保护装置，保证电路工作正常。

3. 电源线应采用三相四线铜芯橡胶电缆，推荐线径为 $4 \times 2.5\text{mm}^2$，接线要牢固，接地要可靠。

4. 输入电源电压为 380V，电压波动值不超过额定电压的 ±5%，以防欠压，长期使用损坏电动机。

5. 严禁使用铁丝等金属线拉接固定增氧机。

6. 维护、保养、搬运增氧机或拆装电动机时，必须先切断电源，保证人身安全。

7. 增氧机开机时，严禁任何人下鱼塘，以防触电和机械事故的发生。

操作技能

一、操作投饲机进行作业

（一）操作常用投饲机进行作业

1. 常用投饲机初次使用的安装步骤及方法

（1）安装投饲机之前仔细阅读说明书，弄清楚投饲机的适用电压、接线方法和注意事项。

（2）投饲机一定要面向鱼塘的开阔面进行安装。要求安装投饲机的投料台，至少要伸向塘面 2 ~ 3m 远，而且高度最好控制在距离水面 300 ~ 500mm。

（3）投饲机应安装在投料台上伸向塘面的一端，安装的时候，一定要放置平稳，避免倾斜，而且出料口要面向水面。

（4）投饲机的位置确定好以后，用螺丝牢牢地固定在投料台上。

（5）接好电线。为了防止线路漏电发生意外，外露的接线处要用绝缘胶布包好，电线的一端牢固地与投饲机的控制器接在一起，另一端与电线控制盒接在一起。

（6）接通电源，开机空试运转一下。如果主电动机和振动电动机工作正常，这就表明投饲机可以投入使用。

2. 常用投饲机的操作方法

（1）将颗粒饲料倒入料箱。

（2）机具技术状态检查合格后，接通电源。

（3）设定电器控制盒参数。

具体操作方法：①设定投饲机的工作时间。②设定落料时间3～5s。③设定投料的间隔时间，调到所需档位。④"备用常开"开关处于关的位置。⑤红指示灯亮：主电动机工作；绿指示灯亮：微电动机工作。

（4）调整下料量的大小。

具体操作方法：松开锁紧螺母，向前推动手柄，送料振动盒斜度小，在电动机的振动中，下料就少，向后拉动手柄，下料就多，调整好后紧固锁紧螺母。

（5）下料抛撒。

（二）操作风送式投饲机进行作业

1. 风送式投饲机的安装步骤及方法

（1）阅读说明书　安装投饲机之前要仔细阅读说明书，弄清楚投饲机的适用电压、接线方法和注意事项。

（2）安装储料箱　储料箱平放在饲料房内并用地脚螺栓固定，以防工作时产生移位。

（3）安装支撑架、浮球和风送电动机见图6-11。

①用螺栓连接电动机支撑架与三根支撑杆；②用螺栓连接支撑杆与三角固定杆；③用螺栓连接固定电动机支架与风送电动机；④安装气动抛料盘，并用键销和压紧螺栓固定；⑤安装3只浮球，将以上装置放入渔塘所需位置并固定。

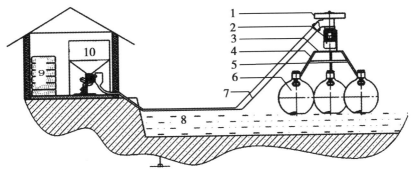

图6-11　风送式投饲机示意图

1-抛料盘；2-气动电机；3-电动机支撑架；4-支撑杆；5-三角固定杆；
6-浮球；7-输送管；8-鱼塘；9-饲料；10-储料箱（含下料机构）

（4）安装饲料输送管　输送管一头与气动电动机弯头连接，另一头与储料箱接料斗连接，并用密封胶或生料带密封后卡紧，输送管经过水面要用2个固定桩固定，以防风浪，经过路面时应埋入地面0.5m左右，以防车辆挤压，进入饲料房时，应在墙体底部打孔，让输送管通过与储料箱接料斗连接。

（5）接通电源

①风送式投饲机的气动电动机，电压380V三相交流电，采用三相四线铜芯橡胶电

缆，推荐导线截面为 $2.5mm^2$，接线要牢固，接地要可靠，请专业电工接电，安装漏电、缺相、欠压保护装置。②风送式投饲机的储料箱下料器电动机功率为 16W，电压为 220V 单相交流电，采用单相三线铜芯橡胶电缆，推荐线径为 $3 \times 1.5mm^2$，接线要牢固，接地要可靠，请专业电工接电，安装漏电、欠压保护装置。

电源接好后，可进行设备调试工作。

（6）调试检查

①调试风送电动机。打开风送电动机电源开关，目测风送电动机工作是否正常，抛料盘转动是否平稳，少量投入颗粒饲料，测试吸风量是否强而有力，颗粒饲料抛入渔塘是否满足要求；用电流表和万用表分别测量风送电动机的电压和电流。电动机功率为 1 500W 的电流值 $\leq3.4A$，风送电动机为 3 000W 的电流值应 $\leq6.4A$，电压为 $380 \pm 5\%$。②调试储料箱下料器系统。调试项目包括下料器电动机（单相16W）工作能否带动送料板产生振动；时间控制盒工作是否正常；落料量调整手柄能否调整前、后和固定位置。③目测检查饲料输送管接头是否漏气，浮球支撑机器是否平衡等。④以上检查一切正常，可在风送电动机开机 1min 后，向储料箱放入少量颗粒饲料进行饲料输送、抛撒试验。

2. 风送投饲机的操作方法

（1）机具技术状态检查合格后，接通电源。在投料前必须先开启气动电动机，使其空运转 $20 \sim 60s$，排空输送管内的空气和杂物。

（2）将颗粒饲料倒入料箱。

（3）设定电器控制盒参数。

（4）调整下料量的大小。

（5）启动下料器电动机，开始下料抛撒。

（6）停止工作前应先停止下料器工作 $20 \sim 60s$ 后，再关闭风送电动机。

二、操作增氧机进行作业

（一）操作叶轮增氧机进行作业

1. 叶轮增氧机岸上安装步骤及方法

（1）熟读产品说明书，按结构示意图将增氧机各部件正确地组装好。

（2）向减速箱内加注 $10^{\#} \sim 30^{\#}$ 机油（加油量按产品说明书规定执行）。

（3）由电工人员在专用电路上接好电源，电动机接线盒引出电缆线要用尼龙绳紧固在支撑杆上，防止增氧机在移动过程中电缆线脱落，引起缺相而损坏电动机。

（4）调整叶轮旋转方向。电源接通后开启电动机，叶轮转向应为顺时针方向；否则，应调换电线线头位置，调整好叶轮旋转方向。

（5）安装防雨罩。

2. 叶轮增氧机移入水中安装步骤及方法

（1）增氧机下水时，整体应保持水平，或角度不大地移入水中，以防止减速器通气孔溢油。同时，严禁电动机与水接触，以免因水浸而烧坏电动机。

（2）调整叶轮吃水深度。叶轮在水中的位置要和"水线"对准。通过向 3 只浮球内增减水量进行调整，使支架保持水平。

（3）增氧机的位置确定好以后，浮体通过尼龙绳用木桩或沉入水底的重物固定。

3. 叶轮增氧机的操作方法

（1）打开开关盒，启动前检查机具技术状态，确认良好。

（2）检查渔塘无人下水等，确保作业环境安全。

（3）推上电源闸刀或开关。

（4）观察机具运转是否良好。

（5）作业结束时，拉下闸刀或开关，切断电源，锁上开关盒。

（二）操作水车式增氧机进行作业

1. 水车式增氧机岸上安装步骤及方法

参见本节叶轮增氧机。

2. 水车式增氧机移入水中安装步骤及方法

（1）增氧机下水时，整体应保持水平，或角度不大地移入水中，以防止减速器通气孔溢油。下水过程中要注意电动机不要接触到水，以免因浸水烧坏电动机。

（2）叶轮叶片沉浸水中深度不需调整。

（3）增氧机在池中所置位置应在能使池水产生定向旋流的前位，一般正方形水池常置于便于管理（包括增氧机进出水池）的某一角，同时要用绳索通过机架或浮船耳扣将机紧固在池边的固定物上以防开机后增氧机自行而引起故障或事故。

3. 水车式增氧机的操作方法

水车式增氧机的操作方法参见叶轮增氧机。

（三）操作微孔曝气增氧机进行作业

1. 固定式微孔曝气增氧机的安装步骤及方法

（1）准备工作

①按照塘口的长度预算出需要微孔管所需的根数，按照塘口的宽度来计算微孔管的长度，由此对微孔管进行分割并将一端用堵头堵住。注意：微孔管一捆 300m，在分割时，应从内圈向外圈拉出，这样不会使微孔管打结。②根据微孔管的数量分出接头，接头由一个大三通、一个小三通、一根 PVC 管、两个宝塔头组成。将大小三通用一根 PVC 管连接，组成一个"工"字形，大三通用于连接 PVC 主管，小三通的两端接宝塔头，用于连接软管。③将 PVC 总管一字排开放在塘埂上。

（2）安装动力系统

①选择合适地点将动力系统放置好，最好是放置在主管的中段，要将电动机放平并固定，在其上方要搭制防雨防晒装置。②从风机出来依次连接钢管、储气罐（没有配置的不用接）、钢丝软管、PVC 管、三通，最后将三通与 PVC 总管连接。连接时用生胶带密封，其中钢丝软管的两端除了要绑生胶带还要涂胶水，再用铁丝绑紧，以保证连接不漏气。

（3）安装管道

①将放在塘埂上的 PVC 总管用胶水连接上，在连接过程中要多上点胶水，将两根管子水平放置，用力推紧再旋转下。这样不仅可以使得整个总管密闭不漏气也可以防止由于安装不到位而导致的接口脱落。②按设计方案将 PVC 管道在预定位置锯断。在锯断时因 PVC 主管在连接处管壁较薄要注意避开。③在锯断处将已准备好的接头连接上，

连接方法同①。

（4）安装曝气管

①在岸上将两段竹竿用绳连接，绳的长度比预先分好的微孔管稍短。②由2名工人拿着竹竿以此为标准在接头处先将池塘两端的桩打牢，再以绳子为基准把中间的桩打牢。打桩时，两端最好使用较粗的木桩，中间可使用细竹竿。每根桩的间距最好在3~4m。③在两根桩之间用绳子绑牢，在桩处留出绳头用于绑微孔管。在绑绳子的时候应将靠近主管的地方放低，远离主管的地方抬高，最低端与最高端的距离大约在200mm。④将曝气管固定在绳子上，在固定时不能绑的太紧，同时整个微孔管要绑成一条直线，微孔管不能在水里漂浮，否则会影响效果。⑤以同样的方法安装其余的曝气管。注意：整个塘口微孔管的安装要保持在同一平面上，由于各个塘口底层情况不可能做到完全平整，所以以塘口底部为基准捆绑微孔管不能保证微孔管在同一平面上，此时可以向塘内放水，使最低处水位为30cm，然后以水平面为基准，将微孔管进气口绑在距离水面20cm的地方，将远离主管的地方绑在距离水面上下即可。⑥用软管将PVC主管上的接头与气管连接。接头上有两个宝塔头，一端用软管和ABS直通直接与气管对接，另一端需在远离主管的地方将微孔管剪断用ABS三通连接后用软管对接。

（5）调试 打开电源（注意电动机正反转），看看曝气管是否出气均匀一致，出气量小的地方可将曝气管微微上调。若还不能满足要求，可用软管将主管道上的气直接引入出气量小的地方。

（6）运行 打开电源即可运行。

2. 浮动式微孔曝气增氧机的安装步骤及方法

（1）安装

①安装浮船和机架。将浮船与机架用螺栓连接。②安装风机和电动机。将风机和电动机用螺栓连接安装在风机机架总成上，上好V带，调整V带松紧度。③安装球阀总成。将宝塔头和球阀用生料带连接，并将球阀总成用生料带密封安装在机器主管道上。④安装管道总成。将管道总成与风机出风口用生料带密封连接，并需安装单向阀。单向阀安装方向必须与单向阀箭头和风机出风口一致，防止装错影响正常使用。⑤固定管道总成。将安装好的管道总成用机架上的管卡及螺栓固定。⑥加润滑油。向风机内加注机油至油标标识指定位置。⑦空载试机：接通电源，检查电动机转向是否与风机标牌所示方向一致，如方向不一致，可调整电动机接线。⑧安装防雨罩。⑨安装微孔曝气增氧机。将安装好的主机放入池塘，确定主机位置，接好电源，用尼龙绳或固定杆固定好增氧机。⑩安装微孔曝气盘。将已连接好的微孔曝气盘总成（含软管、微孔曝气管、支架）连接到出气管道的接头上，并用卡箍锁紧，再将微孔曝气盘总成放置到所需增氧位置；微孔曝气盘软管长度应在8~15m范围内，具体长度可由用户自行确定，但长度不易过长，否则影响曝气效果。

（2）试机 打开电源开关，机器工作，观察主机运行是否正常；如正常，观察各微孔曝气盘的气量大小，用阀门调整出气量，达到各曝气盘出气量基本一致即可。

（3）运行 打开电源即可运行。

3. 微孔曝气增氧机的操作方法

微孔曝气增氧机的操作方法参见叶轮增氧机。

4. 作业注意事项

（1）管螺纹接头须缠绕生料带，活接螺纹需增用密封圈，保证密封不漏气。

（2）微孔曝气增氧机工作时须将球阀打开，保证出气畅通。

（3）曝气盘工作水深不宜超过 2m，否则容易烧坏电动机；当水体较深时，需更换风机型号。

（四）操作射流式增氧机进行作业

1. 射流式增氧机初次使用的安装步骤及方法

（1）安装

①将支架与浮体连接。②将主机安装在支架上并用螺栓锁紧。③接好电动机电源线。④罩好防雨罩。⑤移入水中，用尼龙绳固定。

（2）调试

①短时启动试运行，检查旋转方向。水流方向向前，它的旋向才正确。否则要调换任意两根相线。②在使用中若出现水流漩涡，可以先暂停机器，然后可把射流角度调低，使叶轮离水面更深，这样可减少漩涡。

（3）运行　打开电源即可运行。

2. 射流式增氧机的操作方法

射流式增氧机的操作方法参见叶轮增氧机。

（五）操作耕水叶轮式增氧机进行作业

1. 耕水叶轮式增氧机初次使用的安装步骤及方法

（1）安装

①安装叶轮。将叶轮与减速箱总成的连接法兰用螺栓连接锁紧。②安装圆浮体。将3 只支撑杆插入圆浮体定位杆及减速箱支撑座 3 孔中，用螺栓锁紧固定；保证叶轮与圆浮体同心。③安装浮体叶片。将三只浮体叶片与支撑杆连接，紧贴圆浮体外圆，用M8X16 的螺栓锁紧。④安装固定杆。将固定杆用螺栓固定在减速箱箱体上。⑤接电源线。用户需用两条线路分别接入主电动机和副电动机，设置两个开关对主、副电动机进行控制，电源线要用尼龙绳紧固在固定杆上，防止增氧机在移动过程中电缆脱落。⑥加机油。使用前要向叶轮传动减速箱内加注 $10^{\#} \sim 30^{\#}$ 机油，加油量为 1.5kg，以防止减速箱内无油工作而损坏零部件和电动机。⑦罩好防雨罩。⑧增氧机放入渔塘，用尼龙绳或两根固定杆固定在渔塘的增氧位置。

（2）调试　合上电源看叶片旋转方向。叶轮旋转方向为顺时针方向（自上向下看），浮体叶片应为逆时针旋转。如旋转方向不对，调整电容接线就可达到调整叶片旋转方向。

（3）运行　打开电源即可运行。

2. 耕水叶轮式增氧机的操作方法

耕水叶轮式增氧机的操作方法参见叶轮增氧机。

（六）操作臭氧消毒增氧机进行作业

1. 安装

（1）将垫圈、加长法兰上部及支撑板与臭氧装置底座法兰用螺栓连接；加长法兰、垫圈及水泵法兰用螺栓连接。

（2）将喷管分别插入臭氧装置连接孔并旋转到卡槽内将导气软管一端插入臭氧装置出气口，另一端与喷管上进气口连接。

（3）将支撑板两端孔与机架用螺栓连接。

（4）按接线原理图接好电源。

①水泵电动机，电压380V三相交流电，采用三相四线铜芯橡胶电缆，推荐线径为 $4 \times 2.5 mm^2$，接线要牢固，接地要可靠，请专业电工接电，安装漏电、缺相、欠压保护装置；②臭氧装置，电压为220V单相交流电，采用单相三线铜芯橡胶电缆，推荐线径为 $3 \times 1.5 mm^2$，接线要牢固，接地要可靠，请专业电工接电，安装漏电、欠压保护装置。

（5）罩上防雨罩，并将以上装置放入渔塘所需位置固定。

2. 调试

短时启动试运行，检查旋转方向。水流喷出 3~4m，它的旋向才正确。否则要调换任意两根相线。

3. 运行

打开电源即可运行。

臭氧消毒增氧机具体的操作方法参见叶轮增氧机。

注意事项：工作时，潜水电动机吸水口应完全浸入水中。

第七章　设施水产养殖装备故障诊断与排除

相关知识

一、设施水产养殖装备故障诊断与排除基本知识

故障是指机器的技术性能指标（如发动机的功率、燃油消耗率、漏油等）恶化并偏离允许范围的事件。

1. 故障的表现形态

发生故障时，都有一定的规律性，常出现以下 8 种现象。

（1）声音异常　声音异常是机械故障的主要表现形态。其表现为在正常工作过程中发出超过规定的响声，如敲缸、超速运转的呼啸声、零件碰击声、换挡打齿声、排气管放炮等。

（2）性能异常　性能异常是较常见的故障现象。表现为不能完成正常作业或作业质量不符合要求，如启动困难、动力不足、行走慢等。

（3）温度异常　过热通常表现在发动机、变速箱、轴承等运转机件上，严重时会造成恶性事故。

（4）消耗异常　主要表现为燃油、机油、冷却水的异常消耗、油底壳油面反常升高等。

（5）排烟异常　如发动机燃烧不正常，就会出现排气冒白烟、黑烟、蓝烟现象。排气烟色不正常是诊断发动机故障的重要依据。

（6）渗漏　机器的燃油、机油、冷却水等的泄漏，易导致过热、烧损、转向或制动失灵等。

（7）异味　机器使用过程中，出现异常气味，如橡胶或绝缘材料的烧焦味、油气味等。

（8）外观异常　机器停放在平坦场地上时表现出横向的歪斜，称之为外观异常，易导致方向不稳、行驶跑偏、重心偏移等。

2. 故障形成的原因

产生故障的原因多种多样，主要有以下 4 种。

（1）设计、制造缺陷　由于机器结构复杂，使用条件恶劣，各总成、组合件、零部件的工作情况差异很大，部分生产厂家的产品设计和制造工艺存在薄弱环节，在使用中容易出现故障。

（2）配件质量问题　随着农业机械化事业的不断发展，机器配件生产厂家也越来越多。由于各个生产厂家的设备条件、技术水平、经营管理各不相同，配件质量也就参差不齐。在分析、检查故障原因时应考虑这方面的因素。

（3）使用不当　使用不当所导致的故障占有相当的比重。如未按规定使用清洁燃油、使用中不注意保持正常温度等，均能导致机器的早期损坏和故障。

（4）维护保养不当　机器经过一段时间的使用，各零部件都会出现一定程度的磨损、变形和松动。如果我们能按照机器使用说明书的要求，及时对机器进行维护保养，就能最大限度地减少故障，延长机器使用寿命。

3. 分析故障的原则

故障分析的原则是：搞清现象，掌握症状；结合构造，联系原理；由表及里，由简到繁；按系分段，检查分析。

故障的征象是故障分析的依据。一种故障可能表现出多种征象，而一种征象有可能是几种故障的反映。同一种故障由于其恶化程度不同，其征象表现也不尽相同。因此，在分析故障时，必须准确掌握故障征象。全面了解故障发生前的使用、修理、技术维护情况和发生故障全过程的表现，再结合构造、工作原理，分析故障产生的原因。然后按照先易后难、先简后繁、由表及里、按系分段的方法依次排查，逐渐缩小范围，找出故障部位。在分析排查故障的过程中，要避免盲目拆卸，否则不仅不利于故障的排除，反而会破坏不应拆卸部位的原有配合关系，加速磨损，产生新的故障。

同时注意以下几点：①检诊故障要勤于思考，采取扩散思维和集中思维的方法，注意一种倾向掩盖另一种倾向，经过周密分析后再动手拆卸。②应根据各机件的作用、原理、构造、特点以及它们之间相互关系按系分段，循序渐进的进行。③积累经验要靠生产实践，只有在长期的生产中反复实践，逐渐体会，不断总结，掌握规律，才能在分析故障时做到心中有数，准确果断。

4. 分析故障的方法

在未确定故障发生部位之前，切勿盲目拆卸。应采取以下方法进行故障检查分析。

（1）听诊法　就是通过听取机器异响的部位与声音的不同，迅速判定故障部位。

（2）观察法　就是通过观察排气烟色、机油油面高度、机油压力、冷却水温等方面的异常状况，分析故障原因。

（3）对比法　就是通过互换两个相同部件的位置或工作条件来判明故障部位。

（4）隔离法　就是暂时隔离或停止某零部件的作用，然后观察故障现象有无变化，以判断故障原因。

（5）换件法　就是用完好的零部件换下疑似故障零部件，然后观察故障现象是否消除，以确定故障的真实原因。

（6）仪器检测法　就是用各种诊断仪器设备测定有关技术参数，根据检测得到的技术数据诊断故障原因。

二、投饲机的工作原理

投饲机工作时，料箱内的饲料通过振动分料机构将饲料均匀的落进抛料盘，抛料盘在主电机旋转产生的离心力作用下，把饲料快速均匀的抛向渔塘。通过调整手柄和锁紧螺母可对落料量进行精确控制。利用电器控制盒控制电机的工作时间，使投饲机实现定时、定量、定点投喂颗粒饲料的目的。

三、增氧机的工作原理

增氧机是一种通过电动机或柴油机等动力源驱动工作部件，使空气中的"氧"迅速转移到养殖水体中的设备。这涉及水中氧气的溶解度和溶解速率问题。溶解度包括水温、水的含盐量、氧分压3个因素；溶解速率包括溶氧的不饱和程度、水—气的接触面积和方式、水的运动状况3个因素。其中水温和水的含盐量是水体的一种稳定状况，一般不可改变，溶氧的不饱和程度是我们要改变的因素。所以要实现向水体增氧必须直接或间接地改变氧分压、水—气的接触面积和方式、水的运动状况3个因素。增氧机的设计原理：一是利用机械部件搅动水体，促进对流交换和界面更新；二是把水分散为细小雾滴，喷入气相，增加水—气的接触面积；三是通过负压吸气，令气体分散为微气泡，压入水中；各种不同类型的增氧机都是根据这些原理设计制造的，它们或者采取一种促进氧气溶解的措施，或者采取两种及两种以上措施。

操作技能

一、投饲机常见故障诊断与排除（表7-1）

表7-1 投饲机常见故障诊断与排除

故障名称	故障现象	故障原因	排除方法
合上开关后，电机不转	电路不通	1. 保险丝烧坏 2. 线路破坏断相 3. 插座松动，接触不良	1. 更换保险丝 2. 接好线并用绝缘胶布缠好 3. 修复插座接线座或更换新的插座
	电动机不工作	1. 电容损坏 2. 线路破坏断相 3. 电动机损坏	1. 更换电容 2. 接好线并用绝缘胶布缠好 3. 修复或更换新的电动机
电控盒不工作	电控盒不工作	1. 定时器未开 2. 电控盒损坏	1. 打开备用常开开关临时使用 2. 修理或更换电控盒
不下料	主、振动电动机工作正常而不下料	1. 杂物或饲料结块堵塞下料口 2. 偏心轮止头螺丝松动	1. 清除下料斗和送料振动盒中的杂物 2. 拧紧螺栓

二、增氧机常见故障诊断与排除

（一）叶轮增氧机常见故障诊断与排除（表7-2）

表7-2 叶轮增氧机常见故障诊断与排除

故障名称	故障现象	故障原因	排除方法
沉机	叶轮"水线"低于水平面	1. 撑杆断裂 2. 浮球漏水	1. 焊接断裂处或更换新的支撑杆 2. 修补或更换浮球
漏油	漏油	1. 油封损坏 2. 箱体渗油	1. 更换油封或密封圈 2. 更换箱体

续表

故障名称	故障现象	故障原因	排除方法
作业时有异响	出现异常声响	1. 齿轮磨损 2. 轴承损坏 3. 齿轮箱缺油 4. 螺丝松动	1. 打开齿轮箱更换齿轮 2. 卸下轴承座或压盖更换轴承 3. 从加油孔向箱体内补加机油 4. 用扳手拧紧
	叶轮停止转动	1. 电路断路 2. 电动机烧毁 3. 齿轮损坏 4. 键销损坏或缺键	1. 检查线路故障并修复 2. 修理或更换电动机 3. 打开齿轮箱更换齿轮 4. 重新安装键销

（二）水车式增氧机常见故障诊断与排除（表7–3）

表7–3　水车式增氧机常见故障诊断与排除

故障名称	故障现象	故障原因	排除方法
沉机	浮船"水线"低于水平面	浮船漏水	修补或更换浮船
漏油	漏油	1. 油封损坏 2. 箱体渗油	1. 更换油封或密封圈 2. 更换箱体
叶轮打水不平稳	叶轮打水不平稳	叶轮损坏	更换叶轮
叶轮不转	叶轮停止转动	1. 电路断路 2. 电动机烧毁 3. 齿轮损坏 4. 连接橡胶损坏	1. 检查线路故障并修复 2. 修理或更换电动机 3. 打开齿轮箱更换齿轮 4. 更换连接橡胶板

（三）微孔曝气增氧机常见故障诊断与排除（表7–4）

表7–4　微孔曝气增氧机常见故障诊断与排除

故障名称	故障现象	故障原因	排除方法
风机风量不足或无风	风量不足	1. 系统有泄漏 2. 皮带打滑 3. 风机叶轮与机体因磨损间隙增大	1. 检查管路，消除泄漏 2. 调整皮带松紧 3. 调整间隙、更换磨损件或风机
	风机不转	1. 电动机不工作 2. 风机不工作	1. 检查线路，检修电动机 2. 维修或更换风机
曝气管不出气	曝气管不出气	1. 控制阀、调节阀等未打开 2. 主管、支管等漏气或堵塞	1. 打开相关阀门 2. 密封或疏通
曝气管漏气	曝气管漏气	曝气管有漏洞或损坏	堵漏，更换曝气管

故障名称	故障现象	故障原因	排除方法
曝气盘出气不均匀	曝气盘出气不均匀	1. 曝气管或软管损坏 2. 水体太深或软管太长、风机风量不足	1. 更换曝气管或软管 2. 更换调整风机型号
沉机	浮船"水线"低于水平面	浮船漏水	修补或更换浮船

（四）耕水叶轮式增氧机常见故障诊断与排除（表7-5）

表7-5　耕水叶轮式增氧机常见故障诊断与排除

故障名称	故障现象	故障原因	排除方法
沉机	浮体"水线"低于水平面	浮体漏水	更换或修补浮体
漏油	漏油	油封损坏	更换油封
叶片划水不平稳	浮体叶片划水不平稳	1. 螺栓松动或脱落 2. 叶片损坏 3. 水中杂物（如水草、塑料带或绳等）缠绕	1. 补充螺栓或紧固螺栓 2. 更换叶片 3. 清除杂物
叶轮及叶片不转动	叶轮及浮体叶片停止转动	1. 电路断路 2. 电动机烧毁 3. 齿轮损坏或缺平键	1. 检修电路或更换电容 2. 修理或更换电动机 3. 更换齿轮或加平键
作业时有异响	出现异常声响	1. 齿轮磨损 2. 轴承损坏 3. 减速箱缺油 4. 螺丝松动	1. 更换齿轮 2. 更换轴承 3. 补加机油 4. 拧紧螺丝

（五）臭氧消毒增氧机常见故障诊断与排除（表7-6）

表7-6　臭氧消毒增氧机常见故障诊断与排除

故障名称	故障现象	故障原因	排除方法
沉机	浮体"水线"低于水平面	浮体漏水	更换或修补浮体
漏油	水泵漏油	油封损坏	更换油封
水泵不转	水泵停止转动	1. 电路短路 2. 电动机烧毁	1. 排除线路故障 2. 修理或更换电动机
臭氧装置不工作	臭氧装置不工作	1. 电路故障 2. 发生装置烧坏	1. 排除线路故障 2. 修理或更换发生装置

三、罗茨风机常见故障诊断与排除

罗茨风机作为微孔曝气增氧机的主要设备，其常见故障诊断和排除见表7-7。

表7-7　罗茨风机常见故障诊断与排除

故障名称	故障现象	故障原因	排除方法
运转有摩擦声	叶轮与叶轮摩擦	1. 叶轮上有污染杂质，造成间隙过小 2. 齿轮磨损造成侧隙大 3. 齿轮固定不牢，不能保持叶轮同步 4. 轴承磨损致使游隙增大	1. 清除污物，并检查内件有无损坏 2. 调整齿轮间隙，若齿轮侧隙大于平均值30%~50%应更换齿轮 3. 重新装配齿轮，保持配合接触面积达75% 4. 更换轴承
	叶轮与墙板、叶轮顶部与机壳摩擦	1. 安装间隙不正确 2. 运转压力过高，超出规定值 3. 运转温度过高 4. 机壳或机座变形，风机定位失效 5. 轴承轴向定位不佳	1. 重新调整间隙 2. 查出超载原因，将压力降到规定值 3. 排除温度过高原因 4. 检查安装准确度，减小管道拉力 5. 检查修复轴承，并保证规定的轴向间隙
温度高	温度过高	1. 油箱内油太多、太稠、太脏 2. 过滤器或消声器堵塞 3. 压力高于规定值 4. 叶轮过度磨损，间隙大 5. 通风不好，室内温度高，造成进口温度高 6. 运转速度太低，皮带打滑	1. 降低油位或换油 2. 清除堵物 3. 降低通过鼓风机的压差 4. 修复间隙 5. 开设通风口，降低室温 6. 加大转速，防止皮带打滑
风量不足	风量不足	1. 进口过滤堵塞 2. 叶轮磨损，间隙增大得太多 3. 皮带打滑 4. 进口压力损失大 5. 管道造成通风泄漏	1. 清除过滤器的灰尘和堵塞物 2. 修复间隙 3. 拉紧皮带并增加根数 4. 调整进口压力达到规定值 5. 检查并修复管道
漏油	漏油或油泄漏到机壳中	1. 油箱位太高，由排油口漏出 2. 密封磨损，造成轴端漏油 3. 压力高于规定值 4. 墙板和油箱的通风口堵塞，造成油泄漏到机壳中	1. 降低油位 2. 更换密封 3. 调低压力 4. 疏通通风口，中间腔装上具有2mm孔径的旋塞，打开墙板下的旋塞

故障名称	故障现象	故障原因	排除方法
运转不平衡	有异常振动和噪声	1. 滚动轴承游隙超过规定值或轴承座磨损 2. 齿轮侧隙过大，不对中，固定不紧 3. 由于外来物和灰尘造成叶轮与叶轮、叶轮与机壳撞击 4. 由于过载、轴变形造成叶轮碰撞 5. 由于过热造成叶轮与机壳进口处摩擦 6. 由于积垢或异物使叶轮失去平衡 7. 地脚螺栓及其他紧固件松动	1. 更换轴承或轴承座 2. 重装齿轮并确保符合规定的齿轮侧隙 3. 清洗鼓风机，检查机壳是否损坏 4. 检查背压，检查叶轮是否对中，并调整好间隙 5. 检查过滤器及背压，加大叶轮与机壳进口处间隙 6. 清洗叶轮与机壳，确保叶轮工作间隙 7. 拧紧地脚螺栓并调平底座
负载过大	电动机超载	1. 与规定压力相比，压差大，即背压或进口压力太高 2. 与设备要求的流量相比，风机流量太大，因而压力增大 3. 进口过滤堵塞，出口管道障碍或堵塞 4. 转动部件相碰和摩擦（卡住） 5. 油位太高 6. 窄V形皮带过热，振动过大、皮带轮过小	1. 降低压力到规定值 2. 将多余气体放到大气中或降低鼓风机转速 3. 清除障碍物 4. 检查转动部件技术状态，修复或更换 5. 将油位调到正确位置 6. 检查皮带张力，换成大直径的皮带轮

第八章 设施水产养殖装备技术维护

相关知识

一、技术维护的意义

新的或大修的机械，其互相配合的零件，虽经过精细加工，但表面仍不很光滑，如直接投入负荷作业，就会使零件造成严重磨损，降低机器的使用寿命。机械投入生产作业后，由于零件的磨损、变形、腐蚀、断裂、松动等原因，会使零件的配合关系逐渐破坏，相互位置逐渐改变，彼此间工作协调性恶化，使各部分工作不能很好地配合，甚至完全丧失功能。

技术维护是指机械在使用前和使用过程中，定时地对机器各部分进行清洁、清洗、检查、调整、紧固、堵漏、添加以及更换某些易损零件等一整套技术措施和操作，使机器始终保持良好技术状况的预防性技术措施，以延长机件的磨损，减少故障，提高工效，降低成本，保证机械常年优质、高效、低耗、安全地进行生产。

设施水产养殖装备的技术维护是计划预防维护制的重要组成部分，必须坚持"防重于治、养重于修"的原则，认真做好技术维护工作是防止机器过度磨损、避免故障与事故，保证机器经常处于良好技术状态的重要手段。经验证明，保养好的机械，其"三率"（完好率、出勤率、时间利用率）高，维修费用低，使用寿命长；保养差的则出现漏油、漏水、漏气，故障多，耗油多，维修费用高，生产率低，误农时，机器效益差，安全性差。可见，正确执行保养制度是运用好农业机械的基础。

二、技术维护的内容和要求

机械技术维护的内容主要包括机器的试运转、日常技术保养及定期技术保养和妥善的保管等。

（一）机器试运转

试运转又称磨合。试运转的目的是通过一定的时间，在不同转速和负荷下的运转，使新的或大修过的机械相对运动的零件表面进行磨合，并进一步对各部分检查，排除可能产生故障和事故的因素，为今后的正常作业、保证其使用寿命打下良好的基础。

各种机械有各自的试运转规程。同类产品试运转各阶段时间的长短，各生产厂家的规定也彼此相差颇大。但就试运转的步骤而言，大致是相同的，如拖拉机一般分为4个阶段进行，即发动机空运转、带机组试运转、行走空载试运转和带负荷试运转。具体见各机械的使用说明书。试运转结束后，应对机械进行一次全面技术保养，更换润滑油，清洗或更换滤清器等。

（二）日常保养

日常保养又称班次保养，是在每班工作开始前或结束后进行的保养。尽管各种机械由于结构、材料和制造工艺上的差异，保养规程各不相同，但其保养的内容大致相同。

一般包括清洁、检查、调整、紧固、润滑、添加油料和更换易损件等。

1. 清洁

（1）清扫机器内外和传感器上黏附的尘土、颖壳及其他附着物等。

（2）清理各传动皮带和传动链条等处的泥块、秸秆。

（3）清洁风机滤网、温帘、发动机冷却水箱散热器、液压油散热器、空气滤清器等处的灰尘、草屑等污物。

（4）按规定定期清洗柴油、机油、液压油的滤清器和滤芯；定期清洗或清扫空气滤清器（注意：有的空气滤清器只能清扫不能清洗）。

（5）定期放出油箱、滤清器内的水和机械杂质等沉淀物。

2. 检查、紧固和调整

机械在工作过程中，由于振动及各种力的作用，原先已紧固、调整好的部位会发生松动和失调；还有不少零件由于磨损、变形等原因，导致配合间隙变大或传动带（链）变形，传动失效。因此，检查、紧固和调整是机械日常维护的重要内容。其主要内容有：

（1）检查各紧固螺钉有无松动情况，特别是检查各传动轴的轴承座、过桥轴输出皮带轮、传动轴皮带轮等处固定螺钉。

（2）检查动、定刀片的磨损情况，有无松动和损坏；检查动刀片与定刀片的间隙。

（3）检查各传动带、传动链的张紧度，必要时进行调整。

（4）检查密封等处的密封状态，是否有渗漏现象。

（5）检查制动系统、转向系统功能是否可靠，自由行程是否符合规定。

（6）检查控制室中各仪表、操纵机构、保护装置是否灵敏可靠。

（7）检查电气线路的连接和绝缘情况，有无损坏和接触。

3. 加添与润滑

（1）及时加添油料。加添油料最重要的是油的品种和牌号应符合说明书的要求，如柴油应沉淀48h以上，不含机械杂质和水分。

（2）及时检查加添冷却水。加添冷却水，最重要的是加添干净的软水（或纯净水），不要加脏污的硬水（钙盐、镁盐含量较多的水）等。

（3）定期检查蓄电池电解液，不足时及时补充。

（4）按规定给机械的各运动部位，如输送链条、各铰链连接点、轴承、各黄油嘴、发动机、传动箱、液压油箱和减速器箱等加添润滑油（剂）。

加添润滑剂最重要的是要做到"四定"，即"定质"、"定量"、"定时"、"定点"。"定质"就是要保证润滑剂的质量，润滑剂应选用规定的油品和牌号，保证润滑剂的清洁。"定量"就是按规定的量给各油箱、润滑点加油，不能多，也不能少。"定时"就是按规定的加油间隔期，给各润滑部位加油。"定点"就是要明确机械的润滑部位。

4. 更换

在机械中，有些零件属于易损件，必须按规定检查和更换，如"三滤"的滤芯、传动链、传动胶带、动、定刀片和密封件等。

（三）定期保养

定期保养是在机器工作了规定的时间后进行的保养。定期保养除了要完成班次保养的全部内容外，还要根据零件磨损规律，按各机械的使用说明书的要求增加部分保养项目。定期保养一般以"三滤"（空气滤清器、柴油滤清器、机油滤清器）、电动机、风机等的清洁、重要部位的检查调整，易损零部件的拆装更换为主。

三、机器入库保管

（一）入库保管的原则

1. 清洁原则

清洁机具表面的灰尘、草屑和泥土等黏附物、油污等沉积物、茎秆等缠绕物，清除锈蚀，涂防锈漆等。

2. 松弛原则

机器传动带、链条、液压油缸等受力部件要全部放松。

3. 润滑密封原则

各转动、运动、移动的部位都应加油润滑，能密封的部件尽量涂油或包扎密封保存。

4. 安全原则

做好防冻、防火、防水、防盗、防丢失、防锈蚀、防风吹雨打日晒等措施。

（二）保管制度

（1）入库保管，必须统一停放，排列整齐，便于出入，不影响其他机具运行。

（2）入库前，必须清理干净，无泥、杂物等。

（3）每个作业季节结束后，应对机器进行维护、检修、涂油，保持状态完好，冬季应放净冷却水。

（4）外出作业的机器，由操作人员自行保管。

（三）入库保管的要求

使用时间短，保管时间长的机器，且该机结构单薄，稍有变形或锈蚀便失灵不能正常作业，因此，保管中必须格外谨慎。

1. 停放场地与环境

机器的停放场地应在库棚内；如放在露天，必须盖上棚布，防止风蚀和雨淋，并使其不受阳光直射，以免机件（塑料）老化或锈蚀（金属部分）。

2. 防腐蚀

机器不能与农药、化肥、酸碱类等有腐蚀性物资存放一起，胶质轮不能沾染油污和受潮湿。

3. 防变形

为防止变形，机器要放在地势较高的平地且接地点匀称，绝对不得倾斜存放；机器上不能有任何杂物挤压，更不能堆放、牵绑其他物品，避免变形。

4. 塑料制品的保养

（1）塑料制品尽量不要把它放在阳光直射的地方，因为紫外线会加快塑料老化。

（2）避免暴热和暴冷，防止塑料热胀冷缩减短寿命。

（3）莫把塑料制品放在潮湿、空气不流通的地方。

（4）对于很久没有用过的塑料制品，要检查有没有裂痕。

5. 橡胶制品的保养

橡胶有一定的使用寿命，时间久了，就会老化。在保存方面，除了放置在日光照射不到，阴凉干燥处外，也要远离含强酸和强碱的东西。另外还有一个延长使用寿命的方法：在橡胶制品不使用的时候，可在其外表外涂抹一些滑石粉即可。

四、保险丝的组成及作用

保险丝一般由熔体、电极和支架 3 个部分组成。

保险丝的作用：在电流异常升高到一定的高度的时候，自身熔断切断电流，从而起到保护电路安全运行的作用。因此，每个保险丝上皆有额定规格，当电流超过额定规格时保险丝将会熔断。更换时应与原额定规格相同，千万不要用铜丝或大于原额定规格的保险丝代用。

操作技能

一、投饲机的技术维护

1. 每次开动投饲机之前，都要检查出料口是否堵塞。如果发现出料口被饲料堵塞，要及时清理，这样才能保证电动机和甩料盘运转自如。

2. 投饲机中放入的饲料必须当天投喂干净，确保投饲机中不留余料，以防饲料结块和老鼠咬断电线等问题的发生。

3. 定期对鱼塘投饲机进行清洁保养。每个月要清理一次下料口、接料口、送料振动盒。每 6 个月检修一次线路，要重点查看一下有没有线头松动脱落或者破损的电线。如果发现有电线的线头松动，就要把松动的线头拧紧；如果发现有破损的电线，就要把破损的地方用绝缘胶布包裹好。

4. 每个月要对轴承进行一次全面的检查，如果上面的螺丝松动了，应该及时把螺丝拧紧。检查完毕后，要在轴承上涂抹一次润滑油，这样可以保证投饲机运转自如。

5. 关闭控制箱，并做好防雨或湿气的浸蚀投。投饲机一般放在池塘边，露天放置，很容易受雨淋、湿气的影响，要是控制箱防雨不严密，会带来漏电等安全隐患，所以阴雨天不要盲目开机。

6. 如果开机后投饲机不能正常工作，应该及时与厂家或经销商联系，一定不要自行拆卸，以免发生危险或者使故障扩大。

二、增氧机的技术维护

1. 叶轮增氧机的技术维护

（1）减速箱

①检查减速箱体是否有裂纹、变形。②检查箱内的润滑油质量，若油变质，应将盆放在放油口下面，拧松放油螺栓，放尽变质的机油，用柴油洗净箱内的油污和泥沙，再

注入新机油。③检查润滑油量，若油低于油面刻线或检油口无油溢出，应按说明书的要求补加符合要求的机油至规定量。④检查密封垫是否损坏、漏油，损坏要更换新的密封垫。⑤检查箱内齿轮、轴承有无磨损或损坏，磨损严重的要更换。

（2）电动机

①检查电动机接线是否牢固，电线有无破损。②用兆欧表检查电动机绕阻的绝缘情况，发现有短路或断路应拆开修理，若是电动机受潮，应低温烘烤或浸漆烘干处理。③用手转动电动机轴，看是否灵活，有无摩擦和碰撞。若运转不灵活，检查轴承是否损坏或缺油，对症更换损坏轴承或加油。④检查炭刷磨损情况，清除整流子表面污物，清除槽内污物。

（3）检查叶轮是否变形或损坏，变形的应进行矫正，损坏的应更换，叶轮外部保持不脱漆。

（4）检查浮筒的焊接点有无锈蚀、破损、漏水，漏水的及时更换。

（5）检查支杆和紧固件有无松动，松动要拧紧，锈斑要清除后涂漆或润滑油脂。

（6）对受水浸蚀的接线盒及时更换，并做好防潮保护。

（7）经检修的各部件放在通风、干燥的地方，需要时再装入使用。

2. 水车增氧机的技术维护

参见叶轮增氧机的技术维护。

3. 微孔曝气增氧机的技术维护

参见叶轮增氧机的技术维护外，另增加风机总成、管道总成和微孔曝气盘的技术维护。

（1）风机总成技术维护　①风机首次使用500h后更换润滑油，以后每2 000h更换全部润滑油。②检查电动机的转向，必须符合转向标牌指示方向，否则风机不能正常排气。若转向相反，可交换电机电源任意二相的接线。③检查三角带的松紧度并及时调整。④风机正常工作中，严禁关闭排气口阀门，也不准超负荷运行。⑤风机在额定工况下运行时，各滚动轴承的表面温度一般不超过95℃，经常注意润滑油的油量位置，若油位低于油标中心线，必须及时加油至要求位置。⑥检查风机叶片，若变形损坏，应校正或更换。

（2）管道总成技术维护　①管道总成各接口应用密封胶或生料带密封，不能漏气。②管道总成单向阀要安装水平的主管道上，管道内径不得小于风机风口通径。③正常工作时，支管阀门开关要全部开启，发现某个曝气盘气量减少、漏气，可关闭支管阀门，将出现问题的曝气盘取出进行维修或更换，而不影响整机工作。

（3）微孔曝气盘的技术维护　①池塘使用微孔曝气管一般不会堵塞，如因藻类附着过多而堵塞，或使用时间过长而堵塞，可将微孔曝气管取出在太阳下晾晒一天，轻打抖落附着物或采用20%的洗衣粉浸泡1h后清洗干净，晾干再用。②如发现微孔曝气管和软管破裂，应及时更换。

4. 射流式增氧机的技术维护

（1）定期检查各紧固件有无松动。如有松动，应及时紧固。

（2）定期检查叶轮是否有杂物缠绕，用手转动应自如无阻。

（3）增氧机长期不用时，应用水冲洗，清除机上沉积物及附着物。

（4）经常检查电动机的绝缘电阻，若低于5MΩ，应停用，送到维修部门检修。

5. 喷水式增氧机的技术维护

（1）增氧机电动机由于常期浸在水中，所以，要定期测定检查电动机绝缘情况，以防漏电伤人伤鱼，不用时应提出水面，放干燥通风室内保存。

（2）常年使用如遇轴承磨损，应定期（半年）检查更换。

（3）如遇喷水量减少，应检查进出口是否阻塞。

（4）注意用电安全，接线柱要牢固安装，电线要完好无损，要加接地线。

三、V 带的拆装和张紧度检查

1. 拆装

拆装 V 带时，应将张紧轮固定螺栓松开，不得硬将 V 带撬上或扒下。拆装时，可用起子将带拨出或拨入大胶带轮槽中，然后转动大皮带轮将 V 带逐步盘下或盘上。装好的胶带不应陷没到槽底或凸出在轮槽外。

2. 安装技术要求

安装皮带轮时，在同一传动回路中带轮轮槽对称中心应在同一平面内，允许的安装位置度偏差应不大于中心距的 0.3%。一般短中心距时允许偏差 2～3mm，中心距长的允许偏差 3～4mm。多根 V 带安装时，新旧 V 带不能混合使用，必要时，尺寸符合要求的旧 V 带可以互相配用。

3. V 带张紧度的检查

V 带的正常张紧度是以 4kg 左右的力量加到皮带轮间的胶带上，用胶带产生的挠度检查 V 带张紧度。检查挠度值的一般原则：中心距较短且传递动力较大的 V 带以 8～12mm 为宜；较长且传递动力比较平稳的 V 带以 12～20mm 为宜；较长但传递动力比较轻的 V 带以 20～30mm 为宜，见下图。

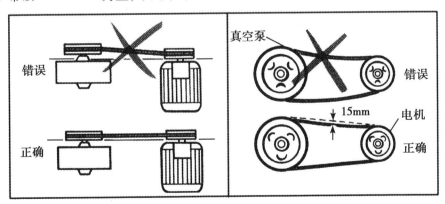

图　V 带松紧度调整示意图

第三部分 设施水产养殖装备操作工——中级技能

第九章 设施水产养殖装备作业准备

相关知识

一、电动机绝缘的电阻测量法

1. 将电动机接线盒内 6 个端头的联片拆开。

2. 把兆欧表放平，先不接线，摇动兆欧表。表针应指向"∞"处，再将表上有"L"（线路）和"E"（接地）的两接线柱用带线的测试夹短接，慢慢摇动手柄，表针应指向"0"处。

3. 测量电动机三相绕组之间的电阻。将两测试夹分别接到任意两相绕组的任一端头上，平放摇表，以每 120r/min 的匀速摇动兆欧表 1min 后，读取表针稳定的指示值。

4. 用同样方法，依次测量每相绕相与机壳的绝缘电阻值。但应注意，表上标有"E"或"接地"的接线柱，应接到机壳上无绝缘的地方。

二、排灌机械作业准备

1. 根据当地的地理位置、水源和排灌机械的种类来选择排灌机械和配套动力。

2. 机电共性技术状态检查的内容参见第八章第一节。

3. 检查水泵的技术状态及进水管路的密封性。

4. 潜水泵还要检查泵密封装置和电机的绝缘性能。

5. 水力挖塘机组检查浮体的技术状态。

三、水质监测仪作业准备

1. 准备水产养殖监测仪。

2. 检查水产养殖监测仪探头上各传感器的技术状态。

3. 进行仪器校准。

操作技能

一、排灌机械启动前技术状态检查

（一）排灌机械周边环境检查

1. 检查机房内外及机组周围是否有杂物妨碍安全运行和通风。

2. 检查进水池内有无漂浮物，吸水管口有无杂物阻塞；若有，应及时清除。

3. 安装在露天或潮湿地方的机组，应检查防晒、防雨及防潮情况。

（二）排灌机械安装情况检查

1. 检查各处紧固螺栓是否紧固。

2. 检查联轴器螺栓是否可靠。

3. 检查各轴承润滑油是否充足干净，油质是否符合要求。

4. 填料是否填好，填料压盖是否合适。

5. 检查传动带轮槽的对称中心是否在同一平面内，传动带张紧度是否符合要求。

6. 用手转动机组检查是否转动灵活，叶轮转动是否有摩擦或异响。

（三）排灌机械电机电路检查

1. 检查电机的绝缘电阻。用兆欧表测量各绕组对机壳和各相绕组之间的绝缘电阻，其值不应小于 $0.5M\Omega$。如果绝缘电阻低于 $0.5M\Omega$，说明电机绕组已受潮，必须进行烘干处理；如果相间短路或接壳，则绝缘电阻降为零，应找出故障点予以排除。

2. 检查电路连接是否良好，启动设备及其他有关电器装置技术状态是否完好，熔丝是否完好并符合要求，防护设施等是否安全可靠。并要特别注意电动机铭牌规定的接线方式是星形（Y）接法还是三角形（△）接法，不能接错。

3. 合上熔断器和铁壳开关，检查电源电压是否正常。国家规定电动机的电源电压在额定压 ±5% 的变化范围内，电动机的功率允许维持额定输出值；电动机的电源电压升高不允许超过额定电压的 10%，三相电压间的差值不大于 5%。

4. 机组在充水启动前，应试启动一下，观察电机能否启动，旋向是否正确，运转是否正常，有无异常噪声或振动。若电机不能启动，要从电路和机械方面仔细检查，旋向相反时，将电源与电动机间的 3 根导线中的任意 2 根换接即可；若机组有别的异常现象，应立即断电进行检查并排除故障。

二、离心泵启动前技术状态检查

1. 认真检查泵的出入口管线、阀门、法兰、压力表接头是否安装安全符合要求，冷却水是否畅通，地脚螺栓及其他连接部分有无松动。

2. 向轴承箱加入润滑油，油面处于轴承箱液面的 2/3。

3. 检查转子转动是否轻松灵活，检查泵体内是否有金属撞击声或摩擦声。

4. 装好靠背轮防护罩，严禁护罩和靠背轮接触。

5. 清理泵体机座，搞好卫生工作。

6. 开启入口阀，使液体充满泵体，打开放空阀，将空气排净后关闭。

三、潜水泵启动前技术状态检查

1. 开机前检查泵站内是否有较大的固态杂质，如有则需及时清除以避免泵的损坏。

2. 若控制箱检修过，在启动之前还应检查电源电压是否与电机铭牌上标注的电源电压是否一致。

3. 若长时间运行且发现提水能力明显下降，则需对泵进行清理，清理后的开机需试运行并观察其运行效果。

4. 检查泵密封装置是否完好。

四、轴流泵启动前技术状态检查

1. 检查泵轴和传动轴是否由于运输过程中遭受弯曲，如有则需校直。

2. 水泵的安装标高必须按照安装图中之规定，以满足汽蚀余量和启动之要求。

3. 水池进水前应设有拦污栅，避免杂物带进水泵。水经过拦污栅的流速，以不超过 0.3m/s 为适合。

4. 水泵安装前需检查叶片的安装角度，是否符合要求，是否有松动。

5. 安装后，应检查各联轴器和各底脚螺栓之螺母是否都旋紧。在旋紧传动轴和水泵轴上的螺母时，要注意其螺纹旋向。

6. 传动轴和泵轴必须安装于同一垂直线上，允差小于 0.03mm/m。

7. 水泵出水管路上不宜安装闸阀。如有，则启动前必须完全开启。

8. 使用逆止阀时最好装一平衡锤，以平衡门盖的重量，减少出水阻力，使水泵更经济的运转。

9. 用润滑脂润滑传动装置的轴承，检修时应将油腔拆洗干净，重新注入润滑脂，其量以充满油腔的 1/2 ~ 2/3 为宜，避免运转时轴承升温过高。必须特别注意，橡胶轴承切不可触及油类。

10. 水泵启动前，应向上部填料涵处短管内引注清水或肥皂水润滑橡胶或塑料轴承，待水泵正常运转后，即可停止。

11. 水泵每次启动前应先盘动联轴器三四转，注意是否有轻重不均等现象。如有，必须检查原因，设法消除后再运转。

12. 电机启动前应先检查电机的旋转方向，使之符合水泵转向后，再与水泵连接。

五、水力挖塘机组启动前技术状态检查

1. 检查电气元件线路，电线应无破损，电控箱必须可靠接地。
2. 检查漏电保护是否可靠有效。
3. 打开杂物箱盖去除滤网上的杂物。
4. 理直排泥管。
5. 检查机器浮体是否渗漏。
6. 检查加油是否满足要求。

六、水产养殖监测仪启动前技术状态检查

1. 仪器在使用前，应将探头在去离子水或蒸馏水中浸泡 24h 以上，待电极活化后才能使用。

2. 仪器在使用前，应认真检查探头上各传感器：温度传感器端部是否有脏物附着；pH 电极端球泡是否完好，内充液是否足够；电导电极铂片上是否有明显的划痕和脏物；溶氧、氨气敏、硫化氢三种电极的端部膜片是否有污迹、划痕、破损，内充液是否足够；否则要进行清洗，更换膜片，补充内充液。

3. 仪器校准按一般顺序进行，校准后各旋钮不能再动，以免影响测量精度。

第十章 设施水产养殖装备作业实施

相关知识

一、离心泵的组成特点和主要部件

1. 离心泵的组成

离心泵的种类有很多，图 10-1 所示为单级单吸式离心泵的基本构造，主要由括蜗壳形的泵壳、泵轴、叶轮、吸水管、压水管、底阀、控制阀门、灌水漏斗和泵座等组成。根据水泵使用的场合和要求，离心泵的叶轮分为封闭式、半封闭式和开敞式 3 种。封闭式叶轮两侧有盖板，里面有 6 ~ 8 个叶片，构成弯曲的流道，轮盖中部有吸入口。这种叶轮适合抽送清水。半封闭式叶轮只有后盖板和叶片，叶片数较少，叶槽较宽，这种叶轮适合

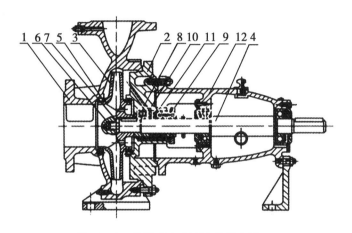

图 10-1 单级式离心泵结构示意图
1 - 泵体；2 - 泵盖；3 - 叶轮；4 - 轴；5 - 密封环；
6 - 叶轮螺母；7 - 止动垫圈；8 - 轴套；9 - 填料压盖；
10 - 填料环；11 - 填料；12 - 悬架轴承部件

抽送含杂质较多的水。开敞式叶轮只有叶片，没有轮盖，叶片较少，叶槽开敞大，这种叶轮适用抽送浆粒体和污水。只有一个叶轮的离心泵，叫单级泵。具有若干个串联的叶轮称为多级泵。多级泵的扬程等于同一流量下各个叶轮所产生的扬程之和。

2. 离心泵的特点

（1）进出水流方向互成 90°，即沿叶轮的轴向吸入，垂直于轴向流出。

（2）叶轮进口形成真空才能吸水。启动前，必须向泵内和吸水管内灌注引水，或用真空泵抽气，以排除空气形成真空，而且泵壳和吸水管路必须严格密封，不得漏气，否则吸不上水来。

（3）吸水高度不能超过 10m。

3. 离心泵的主要零件

离心泵是由许多零部件组成的，根据工作时各部件所处的工作状态，大致可以分成三大部件：转动部件、固定部件和交接部件。

（1）叶轮 叶轮是泵的核心组成部分，它可使水获得动能而产生流动。叶轮由叶片、盖板和轮毂组成。目前多数叶轮采用铸铁、铸钢和青铜制成。

叶轮一般可分为单吸式叶轮与双吸式叶轮两种。单吸式叶轮是单边吸水，叶轮的前

盖板与后盖板呈不对称状。双吸式叶轮两边吸水，叶轮盖板呈对称状，一般大流量离心泵多数采用双吸式叶轮。

叶轮按其盖板情况又可分为封闭式、敞开式和半开式3种。离心泵往往采用封闭式叶轮单槽道或双槽道结构，以防止杂物堵塞；砂泵则往往采用半开式及敞开式结构，以防止砂粒对叶轮的磨损及堵塞。

（2）泵轴　泵轴是用来旋转泵叶轮的，常用材料是碳素钢和不锈钢。离心泵叶轮和轴一般采用平键连接，这种键只能传递扭矩而不能固定叶轮的轴向位置，在大、中型水泵中叶轮的轴向位置通常采用轴套和并紧轴套的螺母来定位的。

（3）蜗壳　蜗壳过水部分要求有良好的水力条件，水泵及泵站设计计算叶轮工作时，沿蜗壳的渐扩断面上，流量是逐渐增大的，为了减少水力损失，在离心泵设计中应使沿蜗壳渐扩断面流动的水流速度是一常数。水由蜗壳排出后，经锥形扩散管而流入压水管。蜗壳上锥形扩散管的作用是降低水流的速度，使流速水头的一部分转化为压力水头。泵壳的材料选择，除了考虑介质对过流部分的腐蚀和磨损以外，还应使壳体具有作为耐压容器的足够的机械强度。

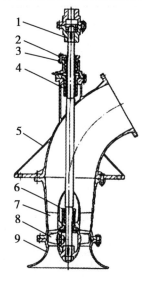

图 10 - 2　轴流泵的结构图

1 - 联轴器；2 - 填料压盘；
3 - 填料盒座；4 - 橡胶轴承；
5 - 弯管；6 - 橡胶轴承；
7 - 导水体；8 - 叶轮；9 - 喇叭管

（4）泵壳　泵壳由若干零部件组成，其内腔形成了叶轮工作室、吸水室和压水室。泵壳的形状和大小取决于叶轮结构形式和尺寸以及由水力设计确定的吸水室和压水室形状尺寸。泵壳主要有端盖式泵壳和中开式泵壳两种。端盖式泵壳沿着与泵轴心线相垂直的径向面剖分，形成泵体和泵盖，多用于单级泵；中开式泵壳沿通过泵轴心线的平面剖分的泵壳，常用于双支承的蜗壳式泵，如横轴双吸泵等。

二、轴流泵的组成和特点

1. 轴流泵的组成

轴流泵的主要由进水喇叭管、叶轮、导水体、出水弯管、泵轴、橡胶轴承、出水弯管、填料函等组成，见图 10 - 2。

2. 轴流泵的特点

（1）进出水流方向是沿叶轮的轴向吸入，并从轴向流出。

（2）扬程低（1～13m）、流量大、效率高。适用于平原、湖区、河网区域。

（3）启动前不需灌水，操作简单。

三、潜水泵的组成和特点

1. 潜水泵的组成

潜水泵又称潜水电泵。按其应用场合和用途大体可以分为潜污泵，排沙潜水泵，清水潜水泵。该泵可用三相电和单相交流电。潜水泵一般是由泵体、扬水管、泵座、潜水电机和启动保护装置组成，见图10-3。通俗地讲，它就是一种泵和电机合二为一的输送液体的机械，它结构简单、体积小、重量轻、使用方便、用途广泛。

2. 潜水泵的主要特点

（1）电动机与水泵合为一体，不用长的传动轴，质量轻。

（2）电动机与水泵均潜入水中，不需修建地面泵房。

（3）由于电动机一般是用来水润滑和冷却的，所以维护费用小。由于潜水泵长期在水下运行，因此对电动机的密封要求非常严格，如果密封质量不好，或者使用管理不好，会因漏水而烧坏电机。

四、水力挖塘机组的组成和特点

水力挖塘机组又称泥浆泵，适用于开挖扩大带水鱼塘和鱼塘清淤。该机组可同时完成挖泥、吸泥、运泥、卸泥、整地5道工序。

1. 水力挖塘机组的组成

该机组主要由清水泵冲泥系统、泥浆泵输泥系统和配电箱系统等组成，见图10-4。

（1）清水泵冲泥系统主要包括清水泵、输水管、冲土水枪等。

（2）立式泥浆泵输泥系统主要包括立式泥浆泵、浮体、输泥硬管和橡胶软管等。软管用于出口及管道转弯处。

（3）配电箱系统主要包括配电箱、防水电缆等。

2. 水力挖塘机组的特点

水力挖塘机组同时完成冲、挖、装、运、卸、填、夯实等多道工序，而且具有使用寿命长、功效高、成本低、可实现远距离输送、工程质量好、施工不受天气影响等特点。

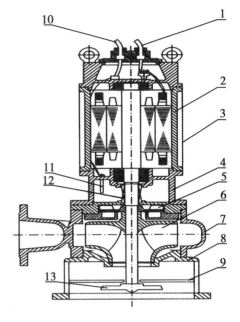

图10-3　潜水泵结构

1-主电机；2-机壳；3-内循环套；
4-邮箱；5-副叶轮；6-叶轮；7-泵体；
8-底座；9-隔板；10-控制电缆；
11-油水探头；12-机械密封；13-搅拌件

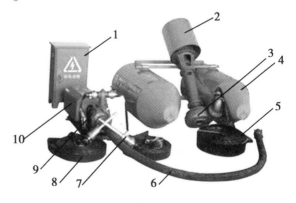

图10-4　水力挖塘机组外形图

1-控制箱；2-泥浆泵电机；3-泥浆泵；
4-浮体；5-输泥管；6-进水管；7-水枪；
8-输水管；9-清水泵；10-清水泵电机

泥浆泵采用高科技密封、多轴承特种设计、泵壳采用耐磨的铸钢材料，实现泵壳多次重复使用，主轴采用高频淬火工艺，提高其耐磨度，轴承选用全封闭形式，隔绝泥浆进入。

产品已广泛应用于鱼池、河道的开发，清淤、水利工程、防洪工程、湖泊工程、环保工程、电力系统的煤灰处理，矿山、化工企业的废渣、废液的处理。

五、水泵主要性能参数

1. 流量

流量又称出水量，是指水泵出口断面在单位时间内输出多少体积（或重量）的水。用符号 Q 表示，单位用 L/s、m^3/h、t/h 表示。

2. 扬程

扬程又称水头，是指所输送的水由水泵进口至出口每单位重量的能量增加值，即水泵能够扬水的高度。用符号 H 表示，其单位以 m 计。

水泵的总扬程（全扬程），以泵轴线为界，分为吸水扬程和压水扬程两部分。

3. 功率

功率是指水泵在单位时间内所作功的大小。水泵功率可分为有效功率、轴功率和配套功率三种。

4. 效率

效率是指水泵抽水效能，反映水泵对动力的利用情况。水泵的有效功率与水泵轴功率之比，称为水泵的效率，以 η 符号表示。一般农用泵的效率在 60% ~ 80%，有些大型轴流泵效率可达 90%。

5. 转速

转速指水泵叶轮每分钟转数，用符号 n 表示，单位为 r/min。各种水泵都有一定的设计转速（即额定转速）。

6. 允许吸上真空高度

允许吸上真空高度（或汽蚀余量）反映水泵不产生汽蚀时的吸水性能，是用来确定水泵安装高度的重要数据。离心泵和混流泵用允许吸上真空高度 H_s 来反映其吸水性能，轴流泵则利用汽蚀余量 $\triangle h$ 来反映其吸水性能。其单位均以米计。

7. 比转数

比转数是表示水泵特性，并用以分类的一个综合性参数，用符号 n_s 表示。它与水泵的转数完全是两个概念。一个水泵的比转数是指一个假想叶轮的转数，这个假想叶轮与该水泵的叶轮完全几何相似，它的扬程是 1m，有效功率为 0.735kW（1 马力），而流量为 $0.075m^3$/s 时所具有的转数。

比转数的大小与水泵叶轮形状和其性能曲线有密切的关系，叶轮形状和水泵性能由它决定，效率高低，水力损失随它变化。因此，比转数在水泵设计中是很重要的技术参数。一般说来，比转数高的泵，流量大，扬程低，如轴流泵。比转数低的泵，流量小，扬程高，如离心泵。所以，比转数可以划分水泵的类型。

六、常用的水泵性能调节方法

在实际工作中需要进行水泵性能调节。这是因为水泵机组在水泵和管路既定条件下只有一个工作点,如果这一水泵工作点工作参数不符合实际需要,就应采用改变水泵的性能或改变管路布置来调节水泵的工作点,使水泵工作点落在实际需要的工况上,使水泵始终保持在高效范围内工作,达到低成本和提高效益的目的。

常用的水泵性能调节方法有以下几种。

1. 变速调节

即改变水泵的转速,以改变水泵的性能。一般情况下,降低水泵转速运行是允许的。

2. 变径调节

即将水泵的叶轮外径车削变小,来改变水泵的性能,从而达到扩大水泵使用范围的目的。

3. 变角调节

即用改变轴流泵叶片安装角的方法,来改变水泵性能,使水泵保持在高效率下运转,以扩大其使用范围。

4. 水泵的串联和并联

即当一台水泵满足不了实际扬程和流量要求时,可以将两台水泵或多台水泵串联或并联工作。

(1) 水泵的串联运行是将两台或两台以上相同性能的水泵头尾相接,即一台水泵的出水管与另一台水泵的进水管连接,其目的是增加扬程,而保持流量不变。

(2) 水泵的并联运行是将工作两台或两台以上水泵连接到共同的出水管,其目的在于增大流量。

七、排灌机械的选用

排灌机械是指为解决农业灌溉或排水的动力机、农用泵、管路、闸阀及有关配套的机电产品等所组成的提水设备。其中关键的设备是水泵,它能把动力机的机械能转变为所抽送水的水力能,可以把水输送到高处或远处。

设施农业常用的水泵有离心泵、轴流泵、混流泵、井用泵、潜水泵、水轮泵等。在农业生产中,应根据不同地区生产条件的要求,因地制宜选用不同的排灌机械。

1. 在平原地区

例如:珠江三角洲水网地带,水源充足,田地广袤,秋、冬干旱,夏季多雨,常遇大雨、暴雨,农田易渍水,要求能迅速排涝。这类地区由于地势低洼,提水扬程不高但农田灌溉或排涝的输水量相当大,应该采用低扬程、大流量等性能特点的轴流泵。

2. 在山区

由于田块狭小,提水扬程较高而流量小。宜选用具有高扬程、小流量特点的离心泵。鉴于一些山区山陡水流急,有着丰富的水力资源,可推广能利用水能的水轮泵。以解决高地、岗地的灌溉。

3. 在丘陵地带

山丘并不高,地块不很大,适宜选用流量比轴流泵小而又要比离心泵流量大、扬程比离心泵小而又要比轴流泵扬程高的混流泵。

4. 在北方地区

由于地面水不多，须开发地下水来浇灌农田，故广泛使用深井泵、浅井泵、潜水泵等。

水泵的选型配套：一是根据"需要"确定所需的流量和扬程，然后再根据水泵性能表上所"给定"的流量和扬程选定水泵的型号；二是选择动力机的类型及其功率和转速；三是选择用联轴器连接的直接传动还是用皮带（齿轮）连接的间接传动；四是选择管路直径及其附件。

操作技能

一、操作电动机带动离心泵（或轴流泵）进行作业

1. 水泵启动前应检查各紧固处螺栓有无松动，有无异常响声，润滑部位油量是否充足等。

2. 检查电动机性能和电源电压及电线路等状况是否符合技术要求。

3. 检查传动带张紧度等是否符合技术要求。

4. 离心泵启动前应先灌引水。灌水前拧开放气螺塞，然后加水，直到从放气孔向外冒水，再转动几下泵轴，如继续冒水，表明水已充满，然后关闭放气螺塞，准备启动。

5. 检查机器技术状态和环境符合要求后，推上闸刀或合上开关，接通电源。

6. 作业结束时，拉下闸刀或分离开关，断开电源。

二、操作发动机带动离心泵（或轴流泵）进行作业

1. 水泵技术状态检查和准备同上。

2. 检查发动机技术状态完好后，启动发动机。

3. 水泵运行时注意事项。注意动力机运转情况，观察水温、油温是否正常；注意机组声响和振动，当机组振动过大或有杂音，往往是水泵发出故障的信号，必须停机检修排除隐患；进水口处有无漂浮物，底阀淹没深度是否足够；各紧固处是否松动，进水管各接头是否严密不漏气。

4. 水泵的停车。离心泵停车时，应慢慢关闭出水阀，逐渐降低动力机转速，使其处于轻载状态，最后停止动力机。

三、操作潜水泵进行作业

1. 拉住扣在电泵耳环上的绳子（严禁提拉电缆），将电泵放入水中，出水管以能套上电泵管接头为宜。

2. 电泵应放在坚固的网篮内放入水中，以防乱草杂物缠住叶轮，其沉入水中最浅深度为 0.5m，最深不超过 3m。电泵应直立水中，不准倒卧或倾斜使用，不得陷入泥中，以防止因散热不良而烧坏。

3. 电机使用前必须灌满清水，拧紧注水和放气螺塞。

4. 接好电源后，先试运转 1s，检查旋转方向是否正确。电泵在水外运转的时间不

得超过 5s，以防过热。

5. 电泵应装设接零保护或漏电保护装置，工作时，周围 30m 以内不得有人畜进入。

6. 停转后不得立即再启动。每小时启动不得超过 10 次。停机后间歇 1min 以上才能再开机。在运转中如发现声音不正常，应立即切断电源进行检查。

四、操作水力挖塘机组进行作业

（一）机组安装

1. 机组距水源应控制在 100m 以内，距离太远会增加机组负荷，降低作业效率。若距离超过 100m，应开挖引水渠或临时水塘。

2. 安装输泥管时，应保证管路直、拐弯少、爬坡缓，管路不允许存在锐角，以减少泥浆输送阻力。

3. 高压泵应靠近水源，输水管的长度要根据高压泵与工作面的距离及水枪的活动范围确定，避免弯路，必须拐弯时也应平缓。

（二）机组使用

1. 高压泵、水枪、水源三者的间距应尽量靠近。高压泵距水枪越近，管路扬程损失就越小，水枪喷出的水柱速度就越高；水枪距工作面越近，水柱密度就越大，流速就越高，冲击力也越大；工作面距泥浆泵越近，就越易于将较高浓度的泥浆吸走。

2. 当土质松软时，可两支水枪配合使用，一支在底部水平"扫射"，另一支在顶部垂直切割，使土层不断崩塌并在水流冲刷下涌向泥浆泵。

3. 当土质较硬、所挖土层较厚时，可用水枪反复冲击底部土层，把底部掏空形成沟槽，使上部土层借自重倒塌，再用水枪切割冲碎。

4. 当土质坚硬时，应选用较高扬程的高压泵或小口径喷嘴，以提高水枪的冲击力。

5. 工作参数的选用。根据不同土质，选用相应的冲水压力和冲击方法。若是清除池底淤泥或泥浆，冲水压力一般为 $3.5 kg/cm^2$；若是清除原状黄土，则需要 $5kg/cm^2$；若是清除紧实黏土或原状细沙土，则需要 $7.5kg/cm^2$。冲水压力可按水泵扬程进行估计，水枪离冲击面的距离，一般不超过 4m，冲水量为挖塘泥浆量的 3～5 倍。泥浆泵的吸送浓度为 60%～80%，泥块、杂质的直径应小于 50mm，输送泥浆距离不超过 200m。

五、操作水产养殖监测仪进行作业

以 AJ-1 型水产养殖监测仪为例，仪器外观见图 10-5，仪器总电路框图，见图 10-6。

（一）仪器的校准

1. 溶解氧

将已装入内充液（经 AgCl 饱和的 0.5mol/LKCl 水溶液），经检查透气膜完好的溶解氧探头垂直状态悬挂于空气中，将复合探头扁插头接入仪器背面相应插口处（注意：要对准位置），然后将仪器正面板上的项目选择键"DO"揿下，根据样液的水温（可用温度探头测定），用仪器面板上的"DO"校准钮调节仪器示值为该温度下的饱和溶解氧值（表 10-1），此时溶解氧校准完成。

图 10 - 5 　AJ - 1 型水产养殖检测仪外观图

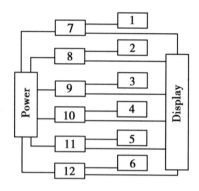

图 10 - 6 　仪器总电路框图

1 - pH 复合电极；2 - NH₃ 气敏电；

3 - H₂S 气敏电极；4 - 溶解氧探头；5 - 电导电极；

6 - 温度探头；7 - pH 测定电路；

8 - NH₃ 测定电路；9 - H₂S 测定电路；

10 - 溶解氧测定电路；11 - 电导法测定电路；

12 - 温度测定电路 Power - 电源 Display - 显示电路

2. 电导率

将复合探头（图 10 - 7）扁插头接入仪器的相应插口，用去离子水（或蒸馏水）清洗干净的电导电极用滤纸吸去沾附的水分，并置于氯化钾标准溶液中。将仪器后面板上的"COND"量程开关置于"×1"档，再将仪器前面板上的项目选择键"COND"揿下，调节前面板上的"COND"校准钮，使仪器显示为氯化钾标准溶液在实测温度下的电导率值（表 10 - 2）。

实例：如氯化钾标准溶液的浓度为 0.01mol/L，实测温度为 15℃（查表 10 - 2 示值应为 1 147 μS/cm），电导电极放入标准溶液后，调节前面板上的"COND"钮，使示值为 1 147 μS/cm。如电导电极上已标明电导池常数为 1.05，因为：$1\,147 × 1.05 = 1\,194.35 ≅ 1\,194$ μS/cm。所以，应调节"COND"校准钮使示值为 1 194 μS/cm。仪器"COND"校准后，只要不再旋动，可长期连续使用（如电极损坏需要更换电极时才需要重新校准）。

注：pH 电极、氨气电极、硫化氢电极的校准须将电极从复合探头上分别旋下，用专用测试线连接仪器进行校准。

表 10 - 1 各种温度下饱和溶解氧值

温度（℃）	溶解氧值（ml/L）	温度（℃）	溶解氧值（ml/L）	温度（℃）	溶解氧值（ml/L）
0	14.6	12	10.8	24	8.5
1	14.2	13	10.6	25	8.4
2	13.8	14	10.4	26	8.2
3	13.5	15	10.2	27	8.0
4	13.1	16	10.0	28	7.9
5	12.8	17	9.7	29	7.8
6	12.5	18	9.5	30	7.6
7	12.2	19	9.4	31	7.5
8	11.9	20	9.2	32	7.4
9	11.6	21	9.0	33	7.3
10	11.3	22	8.8	34	7.2
11	11.1	23	8.7	35	7.1

表 10 - 2 氯化钾的电导氯　　　　　　　　单位：S/cm

温度（℃）	1mol/L	2mol/L	3mol/L	4mol/L
1	0.06713	0.00736	0.0080	0.00156
2	0.06886	0.00757	0.000821	0.001612
3	0.07061	0.00779	0.000818	0.001659
4	0.07237	0.00800	0.000872	0.001705
5	0.07444	0.00822	0.000896	0.001752
6	0.07593	0.00841	0.000921	0.001800
7	0.07773	0.00866	0.000915	0.001818
8	0.07951	0.00888	0.000970	0.001896
9	0.09135	0.00911	0.000995	0.001954
10	0.08316	0.00933	0.001020	0.001931
11	0.08501	0.00956	0.001045	0.002043
12	0.08687	0.00979	0.001017	0.002093
13	0.08876	0.01002	0.001095	0.002112
14	0.09063	0.01025	0.001121	0.002193
15	0.09250	0.01048	0.001117	0.02213
16	0.09111	0.01072	0.001173	0.002291
17	0.09631	0.01095	0.001199	0.002315
18	0.09822	0.01119	0.001225	0.002397
19	0.10011	0.01113	0.001251	0.002119

续表

温度（℃）	1mol/L	2mol/L	3mol/L	4mol/L
20	0.10207	0.01167	0.001273	0.002501
21	0.10100	0.01191	0.001305	0.002553
22	0.10551	0.01215	0.001332	0.002606
23	0.10789	0.01239	0.001359	0.002659
24	0.10981	0.01261	0.001386	0.002712
25	0.11180	0.01288	0.001313	0.002765
26	0.11377	0.01318	0.001441	0.002819
27	0.11571	0.01337	0.001468	0.002873
28		0.01362	0.001496	0.002927
29		0.01387	0.001521	0.002981
30		0.01112	0.001552	0.003036
31		0.01437	0.001581	0.003091
32		0.01162	0.001509	0.003116
33		0.01188	0.001588	0.003201
34		0.01513	0.001667	0.003266
35		0.01539		0.003312
36		0.01554		0.003368

3. pH 电极

将已在水中活化 24h 的 pH 复合电极的插头插入仪器相应插口，pH 电极置于 pH4.01（25℃）的缓冲溶液中，将仪器的项目选择按钮"pH"撒下，平衡 1～2min 待示值稳定后，调节"pH"定位旋钮使仪器示值为 pH0.00，然后取出电极并用去离子水（或蒸馏水）清洗，用滤纸吸去多余水分，电极置于 pH9.18（25℃）的缓冲液中，平衡 1～2min 待示值稳定后，调节 pH "斜率"调节钮调至 pH5.17（9.18－4.01＝5.17），然后再用 pH 定位钮调节示值至 pH9.18，至此，pH 校准完成（为避免漂移，上述"定位"，"斜率"可反复进行一次）。校准程序完成后，冲洗电极，用滤纸吸去沾附水分，待测 pH 标准缓冲液的不同温度下的 pH 值如表 10－3 所示。

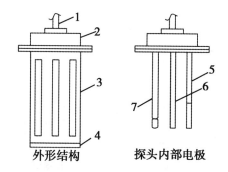

外形结构　　　　探头内部电极

图 10－7　浸没式复合探头

1 - 多股屏蔽电缆；2 - 固定电极帽子；
3 - 保护罩；4 - 不锈刚底座；
5 - NH_3 气敏电极；6 - 温度探；7 - 电导电极
（注意：溶解氧探头、玻璃电极及 H_2S 气敏电极未在图中绘出）

表 10 - 3　3 种标准缓冲溶液在 50 ~ 60℃的 pH 值

温度（℃）	邻苯二甲酸盐	磷酸盐	硼砂
5	4. 01	6. 95	9. 39
10	4. 00	6. 92	9. 33
15	4. 00	6. 90	9. 27
20	4. 00	6. 88	9. 22
25	4. 01	6. 86	9. 18
30	4. 01	6. 85	9. 14
35	4. 02	6. 84	9. 10
40	4. 03	6. 84	9. 07
45	4. 05	6. 83	9. 04
50	4. 06	6. 83	9. 01
55	4. 08	6. 84	8. 99
60	4. 09	6. 84	8. 96

4. 氨电极

将装好内充液（0.1mol/L 的 NH_4Cl 经 AgCl 饱和水溶液）的氨气敏电极的插头接入仪器的相应插口，打开搅拌器，电极在去离子水（或蒸馏水）中清洗电位至 +50mV 左右，用滤纸吸去沾附水分后放入标准溶液（pNH_3 2.00）中，将面板上"NH_3"按键撳下，待仪器示值稳定后，调节"NH_3 定位"旋钮，使仪器显示值为 0.00，然后将电极重新清洗，用滤纸吸去沾附水分，放入标准溶液（pNH_3 4.00）中，顺时针方向调节"NH_3 斜率"旋钮，使仪器显示 pNH_3 为 2.00。

再用"NH_3 定位"旋钮，使仪器显示为 4.00，冲洗电极，至此 NH_3 电极校准完成。注意：在 NH_3 校准过程中，标准溶液均需在搅拌状态下滴加碱液 f（10N NaOH 溶液），使溶液 pH 值在 11 ~ 12，此时可用本仪器配用的 pH 试纸检查，当试纸呈蓝紫色即可。

5. 硫化氢电极

将已装入内充液的硫化氢气敏电极的插头接入仪器的相应插口，电极经活化清洗后，用滤纸吸去沾附的水分后放入标准溶液（10^{-2}mol/L 的 Na_2S），滴加浓盐酸使溶液的 pH 值下降到 4 左右，调节"S 定位"旋钮，使仪器显示值为 0.00；然后将电极清洗，用滤纸吸去沾附的水分后放入标准溶液 f（10^{-4}mol/L 的 Na_2S 溶液），滴加浓盐酸使溶液的 pH 值下降到 4 左右，调"S 斜率"旋钮，使仪器显示 pH_2S 为 2.00。

再用"S 定位"旋钮，使仪器显示为 4.00，冲洗电极，至此 H_2S 电极校准完成。注意：在 H_2S 校准过程中，标准溶液均需滴加酸液（浓 HCl），使溶液 pH 值 = 3 ~ 4，此时可用本仪器配用的 pH 值试纸检查，当试纸呈黄棕色即可。在实际养殖水域中测试时，不可能调节 pH 值，可以采用一定程序测量计算。

仪器一经校准，前面板上的各旋钮不应再动。

（二）参数测定和结果的计算

各参数的测定参见图 10 - 8。

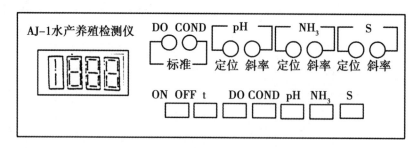

（a）前面板

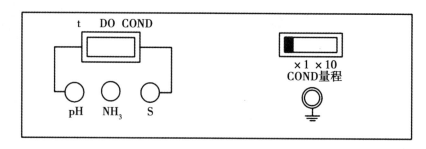

（b）后面板

图 10 - 8　AJ - 1 型水产养殖监测仪面板

1. 水温的测定

将测量仪器前面板上的温度测量键"t"键揿下，仪器示值稳定后即为水温（℃）。

2. 溶解氧的测定

将测量仪器前面板上的溶解氧测量键"DO"揿下，仪器示值稳定后即为水中溶解氧（$\mu S/cm$ 或 mol/L）。

3. 电导率的测定

将测量仪器前面板上的电导测量键"COND"键揿下，仪器示值即为水的电导率（$\mu S/cm$）。如显示仪表溢出（即显示 1. ——），说明量程需改变，此时可将仪器后面板上的"COND"量程由"×1"档拨到"×10"档，记录测量结果时应乘以 10 倍。测量电导率变换量程，不需要重新标定。

4. pH 值的测定

将仪器前面板上的 pH 值测量键揿下，仪器的示值稳定后即为水域的 pH 值。

5. 氨的测定

将仪器前面板上的"NH_3"键揿下，探头投入待测水中，平衡 2min 左右（视测试时水温而定，一般在 15℃ 以下时，平衡时间为 2 ~ 3min；在 15℃ 以上时，平衡时间在 2min 以内），由仪器的示值读出水中的 pNH_3 值。

由公式 $pNH_3 = -\log [NH_3]$ 计算出水中 NH_3 的含量。

例如：某水中测 pNH_3 为 5.12，则根据公式：$pNH_3 = -\log [NH_3]$

$[NH_3] = 10^{-5.12} = 7.59 \times 10^{-6} [mol/L] = 7.59 \times 10^{-6} \times 17 \times 10^3 \cong 0.1329mol/L$

6. 硫化氢的测定

将仪器前面板的"S"键按下，将探头投入待测水域，平衡3min左右（视测试时水温而定，一般在15℃以下时，平衡时间为2~3min；在15以上时平衡时间在2min以内），由仪器的示值读出水中的pH_2S值，H_2S的计算方法同NH_3方法。

（三）标准溶液的配制

1. pH值=4.01标准缓冲溶液：10.21g苯二钾酸氢钾（C.P）溶于水，定溶至1L。

2. pH值=9.18标准缓冲溶液：3.80g硼砂（含10个结晶水，C.P）溶于水，定溶至1L。

3. NH_4Cl标准溶液C：5.35gNH_4Cl（C.P）溶于水，定溶至1L，此溶液浓度为$10^{-1}mol/L$然后稀至$10^{-2}mol/L$。

4. NH_4Cl标准溶液D：将浓度为$10^{-2}mol/L$的NH_4Cl标准溶液稀至$10^{-4}mol/L$。

5. 硫化钠标准溶液：24g $Na_2S \cdot 9H_2O$滴于水中，定溶至1L，此溶液浓度为$10^{-1}mol/L$，然后逐渐稀释至$10^{-2}mol/L$、$10^{-4}mol/L$浓度的溶液。

6. 碱调节液（10mol/L）：40gNaOH（C.P）溶于100ml水中。

7. 酸调节液：1:1的盐酸溶液。

8. 氧电极内充液（0.5mol/LKCl）：称取37.3gAR级KCl，溶于1L水中。

第十一章　设施水产养殖装备故障诊断与排除

相关知识

一、离心泵的工作原理

离心泵的工作原理是利用叶轮旋转而使水产生的离心力来工作的。离心泵在启动前，必须使泵壳和吸水管内充满水，然后启动电机，使泵轴带动叶轮和水做高速旋转运动，水在离心力的作用下，被甩向叶轮外缘，经蜗形泵壳的流道流入水泵的压水管路。水泵叶轮中心处，由于水在离心力的作用下被甩出后形成真空，吸水池中的水便在大气压力的作用下被压进泵壳内，叶轮通过不停地转动，使得水在叶轮的作用下不断流入与流出，达到了输送水的目的。

二、轴流泵的工作原理

轴流泵的工作原理是利用叶轮旋转所产生的推升力来抽水的。它的叶轮浸没在水里，当叶轮旋转时，水流相对叶片就产生急速的绕流。这样叶片对水就产生升力作用，不断地把水往上推送，水流得到叶轮的推力就增加了能量，通过导水叶和出水弯管送到高处。导水叶的作用是消除水流的旋转运动，使泵内水流沿泵轴方向流动。

三、潜水泵的工作原理

潜水泵的工作原理是水泵开泵前，吸入管和泵内必须充满液体。开泵后，叶轮高速旋转，其中的液体随着叶片一起旋转，在离心力的作用下，飞离叶轮向外射出，射出的液体在泵壳扩散室内速度逐渐变慢，压力逐渐增加，然后从泵出口排出管流出。此时，在叶片中心处由于液体被甩向周围而形成既没有空气又没有液体的真空低压区，液池中的液体在池面大气压的作用下，经吸入管流入泵内，液体就是这样连续不断地从液池中被抽吸上来又连续不断地从排出管流出。

四、水力挖塘机组的工作原理

水力挖塘机组的工作原理是模拟自然界水流冲刷原理，借助水力的作用来进行挖土、输土、填土。即水流经清水泵产生压力，通过水枪喷出一股密实的高速水柱，把土体切割、粉碎、使之湿化和崩解，形成泥浆和泥块的混合液，再由立式泥浆泵和专用的输泥管吸送到堆土场。泥浆可用来填平低洼地或围堤筑坝。

五、电动机的构造原理

设施水产养殖常用的电动机有三相异步电动机和单相异步电动机。三相异步电动机由定子、转子及支承保护部件 3 部分组成，见图 11-1。

单相电机是单相绕组，比三相电机另增加了启动部分（启动线圈或电容）。单相电动机根据启动方法或运转方式的不同主要分为单相电阻启动、单相电容启动、单相电容运转、单相电容启动和运转、单相罩极式等几种类型，而以单相电容启动和运转异步电动机为最常用。在农村，由于电网的供电质量较差、使用不当等原因，单相电动机故障率较高。

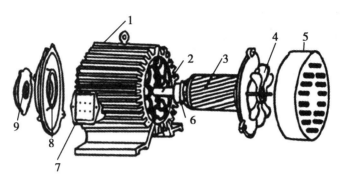

图 11 - 1 三相异步电动机示意图

1 - 定子；2 - 转轴；3 - 转子；4 - 风扇；5 - 罩壳；

6 - 轴承；7 - 接线盒；8 - 端盖；9 - 轴承盖

（一）三相异步电动机的构造

1. 定子部分

定子是电动机的固定部分，主要由定子铁芯、三相定子绕组、机座等组成。机座是电动机的外壳和支架，其作用是固定和保护定子铁芯、定子绕组和支承端盖，一般为铸铁铸成。为了增加散热面积，封闭型 Y 系列、小机座的外壳表面有散热筋。机座壳体内装有定子铁芯，铁芯是电动机磁路的一部分，由内圆冲有线槽的硅钢片叠压而成，用以嵌放定子绕组。三相定子绕组，是电动机的电路部分，通入三相交流电便会产生旋转磁场，中小型电动机一般用高强度漆包线绕制，三相绕组共有 6 个出线端，接在机座的接线盒中，每相绕组的首端和末端分别用 D1、D2、D3 和 D4、D5、D6 标记（或用 A、B、C 和 X、Y、Z 标记），防止接线错误。

2. 转子部分

转子是电动机的转动部分，其功用是在定子旋转磁场的作用下，产生一个转矩而旋转，带动机械工作。三相异步电动机的转子按其型式不同分为笼型和绕线型两种。笼型三相异步电动机结构简单，用于一般机器及设备上。绕线型三相异步电动机用于电源容量不足以启动笼型电动机及要求启动电流小、启动转矩高的场合。

（1）笼型转子 由转轴、转子铁芯、转子导体和风扇等组成。笼型转子绕组与定子绕组不同，每个转子槽内只嵌放一根铜条或铝条，在铁芯两端槽口处，由两个铜或铝的端圆环分别把每个槽内的铜条或铝条连接起来，构成一个短接的导电回路。如果去掉转子铁芯只看短接的导体就像一个鼠笼，所以称为笼型转子。目前，国产中小型的笼型异步电动机，大都是在转子铁芯槽中，用铝液一次浇铸成笼型转子并铸出叶片作为冷却用的风扇。转轴一般用中碳钢制成，其作用是支撑转子，传递转动力矩。转轴的伸出端安装有皮带轮，非伸出端用于安装风扇。

（2）绕线型转子 绕线式转子铁芯上绕有与定子相似的三相绕组，对称地放在转子铁芯槽中，3 个绕组的末端连在一起，成星形连接。3 个绕组的首端分别接到固定在转子轴上的 3 个铜滑环上，滑环与滑环、滑环与转轴之间都相互绝缘，再经与滑环摩擦接触的 3 个电刷与三相变阻器连接。

3. 支承保护部件

支承保护部件包括端盖、轴承、轴承盖、风扇、风扇罩、吊环、接线盒、铭牌等。

（二）三相异步电动机的工作原理

三相异步电动机是利用旋转磁场和电磁感应原理工作的。电流可以产生磁场，当三相异步电动机的定子绕组中通入三相交流电（相位差 120°），三相定子绕组流过三相对称电流产生三相磁动势（定子旋转磁动势），并产生一个旋转磁场，该磁场以同步转速沿定子和转子内圆空间作顺时针方向旋转。

操作技能

一、离心泵常见故障诊断与排除（表 11-1）

表 11-1　离心泵常见故障诊断与排除

故障名称	故障现象	故障原因	排除方法
启动困难	泵不能启动或启动负荷大	1. 原动机或电源不正常 2. 泵卡住 3. 填料压得太紧 4. 排出阀未关 5. 平衡管不通畅	1. 检查电源和电动机情况 2. 用手盘动联轴器检查，必要时解体检查，消除动静部分故障 3. 放松填料 4. 关闭排出阀，重新启动 5. 疏通平衡管
泵不排液	泵不出水	1. 灌泵不足或泵内气体未排空 2. 泵转向不对 3. 泵转速太低 4. 滤网堵塞，底阀不灵 5. 吸上高度太高，或吸液槽出现真空	1. 重新灌泵 2. 检查泵旋转方向，予以纠正 3. 检查转速，提高转速 4. 检查滤网，消除杂物 5. 降低吸上高度；检查吸液槽压力
排液后中断	泵排水后中断	1. 吸入管路漏气 2. 灌泵时吸入侧气体未排尽 3. 吸入侧突然被异物堵住 4. 吸入大量气体	1. 检查吸入侧管道，管道连接处及填料涵密封情况 2. 重新灌泵 3. 停泵处理异物 4. 检查吸入口是否有漩涡，淹没深度是否太浅
流量不足	流量不足	1. 同泵不出水和排水后中断 2. 系统静扬程增加 3. 阻力损失增加 4. 壳体和叶轮耐磨环磨损过大 5. 其他部位漏液 6. 泵叶轮堵塞、磨损、腐蚀	1. 采取相应措施 2. 检查液体高度和系统压力 3. 检查管路及止逆阀等障碍 4. 更换或修理耐磨环及叶轮 5. 检查轴封等部位 6. 清洗、检查、调换

故障名称	故障现象	故障原因	排除方法
扬程低	扬程不够	1. 该表泵不出水的故障原因1~4项和吸入管路漏气或泵叶轮堵塞、磨损、腐蚀 2. 叶轮装反（双吸泵） 3. 液体密度、黏度与设计条件不符 4. 操作流量太大	1. 采取相应措施 2. 检查叶轮 3. 检查液体的物理性质 4. 减少流量
运行中功耗大	运行中功耗大	1. 叶轮与耐磨环、叶轮与壳有摩擦 2. 操作流量太大 3. 液体密度增加 4. 填料压得太紧或干摩擦 5. 轴承损坏 6. 转速过高 7. 泵轴弯曲 8. 轴向力平衡装置失效 9. 联轴器对中不良或轴向间隙太小	1. 检查并修理 2. 减少流量 3. 检查液体密度 4. 放松填料，检查水封管 5. 检查修理或更换轴承 6. 检查驱动机和电源 7. 矫正泵轴 8. 检查平衡孔、回水管是否堵塞 9. 检查对中情况和调整轴向间隙
泵振动过大	泵振动或有异常声响	1. 吸入大量气体或轴承损坏 2. 振动频率为0%~40%工作转速 3. 振动频率为60%~100%工作转速 4. 振动频率为2倍工作转速 5. 振动频率为n倍工作转速 6. 振动频率非常高	1. 采取相应措施 2. 调整轴承间隙，清除油中杂质，更换新油 3. 检查、调整或更换密封 4. 修理、调整或更换联轴器、密封装置、壳体、轴承等 5. 加固基础或管路 6. 修理、调整或更换联轴器、密封装置、壳体、轴承等
轴承发热	轴承温度高	1. 轴承瓦块刮研不合要求 2. 轴承间隙过小 3. 润滑油量不足，油质不良 4. 轴承装配不良 5. 冷却水断路 6. 轴承磨损或松动 7. 泵轴弯曲 8. 甩油环变形；甩油环不能转动，带不上油 9. 联轴器对中不良或轴向间隙太小	1. 重新修理轴承瓦块或更换 2. 重新调整轴承间隙或刮研 3. 增加油量或更换润滑油 4. 按要求检查轴承装配情况，消除不合要求因素 5. 检查、修理 6. 修理轴承或报废。若松动，拧紧有关螺栓 7. 矫正泵轴 8. 更新甩油环 9. 检查对中情况和调整轴向间隙
轴封发热	轴封温度高	1. 填料压得太紧或干摩擦 2. 水封圈与水封管错位 3. 冲洗、冷却不良 4. 机械密封有故障	1. 放松填料，检查水封管 2. 重新检查对准 3. 检查冲洗冷却循环管 4. 检查机械密封

续表

故障名称	故障现象	故障原因	排除方法
转向窜动大	转向窜动大	1. 操作不当，运行工况远离泵的设计工况 2. 平衡管不通畅 3. 平衡盘及平衡盘座材质不合要求	1. 严格操作，使泵始终在设计工况附近运行 2. 疏通平衡管 3. 更换材质符合要求的平衡盘及平衡盘座
发生水击	发生水击	1. 由于突然停电，造成系统压力波动，出现排出系统负压，溶于液体中的气泡逸出使泵或管道内存在气体 2. 高压液柱由于突然停电迅猛倒灌，冲击在泵出口单向阀阀板上 3. 出口管道的阀门关闭过快	1. 将气体排净 2. 对泵的不合理排出系统的管道、管道附近的布置进行改造 3. 慢慢关闭阀门

二、轴流泵常见故障诊断与排除（表11-2）

表11-2　轴流泵常见故障诊断与排除

故障名称	故障现象	故障原因	排除方法
不出水	启动水泵后不出水	1. 叶轮的转向不对或转速过低 2. 卧式进水管路漏水 3. 固定叶轮的螺帽松脱，叶轮脱落在水中 4. 叶轮浸入水中深度不够 5. 叶轮中有污泥杂草堵塞	1. 调整水泵的转向，并检查降低转速的原因，加以清除 2. 消除管路漏水，确保密封 3. 停车检查并装好叶轮再启动 4. 应设法调整，加大叶轮淹没深度 5. 停车消除杂物后再启动
出水量不足	水泵出水量不足	1. 叶轮装得偏高，淹没深度不够，进水条件不好，水泵出水扬程偏高等 2. 活叶式轴流泵的叶片安装角度不对 3. 叶轮的外缘与叶轮处泵体之间的间隙过大 4. 水泵没有达到额定转速 5. 叶片局部被水草等杂物堵塞	1. 按照厂家的规定进行改装，改善工作条件 2. 检查并调整叶片角度 3. 更换叶轮或叶轮外泵体段，或采取补焊措施 4. 更换电机，若是带传动则要改变水泵或电机胶带轮，使水泵转速提高到额定值 5. 停车清除杂物

故障名称	故障现象	故障原因	排除方法
超负荷	动力机超负荷	1. 动力机选配不合理 2. 轴承磨损后，叶轮在旋转时与泵壳可能有摩擦，泵轴弯曲 3. 活叶式轴流泵的叶片安装角度不对 4. 所选动力机转速偏高轴功率增大 5. 出水扬程过高或管路上闸阀没有全打开	1. 选配合适的动力机 2. 修理或更换轴承或泵轴 3. 调整叶片角度，到不超载为止 4. 更换动力机或更换叶轮，使水泵转速降低到额定值 5. 更换水泵或打开管路上的闸阀
有振动	水泵在运行中有振动和响声	1. 水位过低造成叶轮淹没深度不够，部分空气进入泵内 2. 部分叶片已损坏，运转时产生不平衡 3. 基础不稳或地脚螺栓松动 4. 联轴器与泵轴的配合太松或联轴器销钉松动 5. 橡胶轴承用久磨损后，运转时产生摇摆振动 6. 进水池太小，几台水泵的吸入管得太近，水泵安装质量低，泵轴不垂直	1. 增加淹没深度，在进水池水面上加盖木板 2. 更换叶轮 3. 加固基础或拧紧地脚螺栓 4. 更换联轴器或停车拧紧螺丝 5. 更换橡胶轴承或在轴承接触处喷镀硬铬 6. 加大进水池，重新排列水泵的位置，重新校正泵轴

三、潜水泵常见故障诊断与排除（表11-3）

表11-3 潜水泵常见故障故障诊断与排除

故障名称	故障现象	故障原因	排除方法
泵运转有异常振动	潜水泵运转有异常振动、不稳定	1. 水泵底座地脚螺栓未拧紧或松动 2. 出水管路没有加独立支撑，管道振动影响到水泵上 3. 叶轮质量不平衡甚至损坏或安装松动 4. 水泵上下轴承损坏	1. 均匀拧紧所有地脚螺栓 2. 对水泵的出水管道设独立稳固的支撑，不让水泵的出水管法兰承重 3. 修理或更换叶轮 4. 更换水泵的上下轴承

故障名称	故障现象	故障原因	排除方法
泵不出水	潜水泵不出水或流量不足	1. 水泵安装高度过高，使得叶轮浸没深度不够，导致水泵出水量下降 2. 水泵转向相反 3. 出水阀门不能打开 4. 出水管路不畅通或叶轮被堵塞 5. 水泵下端耐磨圈磨损严重或被杂物堵塞 6. 抽送液体密度过大或黏度过高 7. 叶轮脱落或损坏 8. 多台水泵共用管路输出时，没有安装单向阀门或单向阀门密封不严	1. 控制水泵安装标高的允许偏差，不可随意扩大 2. 水泵试运转前先空转电动机，核对转向使之与水泵一致。使用过程中出现上述情况应检查电源相序是否改变 3. 检查阀门，并经常对阀门进行维护 4. 清理管路及叶轮的堵塞物，经常打捞蓄水池内杂物 5. 清理杂物或更换耐磨圈 6. 寻找水质变化的原因并加以治理 7. 加固或更换叶轮 8. 检查原因后加装或更换单向阀门
运行负荷大	电流过大电机过载或超温保护动作	1. 工作电压过低或过高 2. 水泵内部有动静部件擦碰或叶轮与密封圈摩擦 3. 扬程低、流量大造成电动机功率与水泵特性不符 4. 抽送液的密度较大或黏度较高 5. 轴承损坏	1. 检查电源电压，调整输电压 2. 判断摩擦部件位置，消除故障 3. 调整阀门降低流量，使电动机功率与水泵相匹配 4. 检查水质变化原因，改变水泵的工作条件 5. 更换电机两端的轴承
绝缘电阻低	绝缘电阻偏低	1. 电源线安装时端头浸没在水中或电源线、信号线破损引起进水 2. 机械密封磨损或没安装到位 3. O形圈老化，失去作用	1. 更换电缆线或信号线，烘干电机 2. 更换上下机械密封，烘干电机 3. 更换所有密封圈，烘干电机
渗漏	水泵管配件渗漏	1. 管道本身有缺陷，未经过压力试验 2. 法兰连接处的垫片接头未处理好 3. 法兰螺栓未用合理的方式拧紧	1. 有缺陷的管子应予以修复甚至更换，管路全部安装完后，应进行系统的耐压强度和渗漏实验 2. 处理好垫片接头 3. 对准后连接螺栓应在基本自由的状态下插入拧紧
停机倒转	水泵停机时倒转	出水管道中的止回阀或拍门失灵	安运行时经常检查止回阀或拍门，对损坏的部分修理或者更换保证质量的止回阀或拍门

续表

故障名称	故障现象	故障原因	排除方法
内部泄漏	水泵内部泄漏	潜水泵的动密封（机械密封）或静密封（电缆进口专用 O 形密封圈）损坏造成渗水，动力电缆或信号电缆破损造成渗水。各种报警信号如浸水、泄漏、湿度等报警停机	运行过程中发生上述故障时，更换所有损坏的密封件和电缆并且烘干电机。对拆卸下的密封件和电缆不得重复使用

四、水力挖塘机组常见故障诊断与排除（表11－4）

表11－4 水力挖塘机组常见故障故障诊断与排除

故障部位	故障名称	故障现象	故障原因	排除方法
泥浆泵	泥浆泵叶轮不转	1. 电机转，泥浆泵叶轮不转	1. 联轴器或平键损坏 2. 叶轮螺母脱落	1. 更换联轴器或重新安装平键 2. 重新安装螺母并锁定
		2. 电机、泥浆泵都不转，电机发出嗡声	泵叶被杂物卡住	清除杂物
	泥浆泵不吸泥或出泥不足	1. 泥浆泵转，塘泥浆翻动，泵不吸泥	1. 输泥管道堵塞 2. 泵叶上缠绕大量杂物 3. 叶轮、叶片打歪或损坏 4. 旋向相反	1. 清除堵塞 2. 清除杂物 3. 更换或修理 4. 改变转向
		2. 泥浆泵出泥不足	1. 泵叶绕有杂物或泵叶打歪扭断变形 2. 扬程过高，输距太远 3. 吸口被阻或泥潭欠深	1. 清除杂物或修整叶轮 2. 降低扬程，缩短输距 3. 清除阻物或冲深吸口处的泥潭
	振动大	泵跳动	1. 电机轴与泵轴不同心 2. 轴弯曲变形	1. 校正，使两轴同心 2. 校正或更换

故障部位	故障名称	故障现象	故障原因	排除方法
高压泵	不出水或出水不足	1. 不出水	1. 注入水泵的水不够 2. 水管漏气或与泵体连接处漏气 3. 底阀没有打开或被堵 4. 吸水高度超过允许值 5. 叶轮螺母松动 6. 旋转方向不对 7. 叶轮被堵 8. 胶质进水管内层剥离	1. 继续加水，直至充满吸水管和泵体 2. 检修堵塞漏气处 3. 使底阀能自如打开或更换底阀 4. 移动水泵，降低吸水高度 5. 拧紧螺母 6. 检查并纠正电机旋转方向 7. 清除杂物 8. 更换吸水管
		2. 出水不足	1. 填料不足，填料盖漏水严重 2. 叶轮磨损 3. 转速达不到额定要求 4. 叶轮中塞有杂物 5. 吸水管阻力过大 6. 吸水高度过大	1. 拧紧填料压盖或增加填料 2. 更换叶轮 3. 使水泵达到额定转速 4. 清除杂物 5. 检查水泵管路及底阀，减少吸管阻力 6. 降低吸水高度
	泵振动大	泵跳动	1. 电机轴与泵轴不同心 2. 泵轴弯曲	1. 校正泵轴与电机轴，使其同心 2. 检修或更换泵轴
	轴承发热	轴承温度高	1. 轴承缺油 2. 电机轴与泵轴不同心	1. 检查清洗轴承，并加足油 2. 校正电机轴与泵轴，使其同心
	负荷太大	声音异常 负荷太大	填料盖压得太紧	调整填料压盖，用手扳动后再启动

故障部位	故障名称	故障现象	故障原因	排除方法
配电箱	接触器工作不良	1. 按下启动按钮，接触器不工作	1. 电源无电压 2. 电源线断开或接触不良 3. 熔断丝熔断 4. 控制回路断路或接触不良 5. 接触器线圈断路 6. 热继电器过热自动断开	1. 用万用表查电源电路，并接通 2. 检查输入端线路有无松动，接通电源 3. 更换熔断丝 4. 查控制回路，并紧固各连接部分 5. 更换线圈 6. 稍等几分钟，待温度下降自动复位后再启动
		2. 按下启动按钮，接触器吸合，放开后又自动断开	1. 控制回路接触不良 2. 联锁触头接触不好 3. 电压低于额定值的10% 4. 电机有故障（如相间短路引起熔断丝熔断） 5. 启动后电压降大	1. 检查控制回路，并紧固各连接部分螺丝 2. 检查辅助触头是否正常 3. 调高电压 4. 用兆欧表或万用表检查电机有无相间短路现象，更换或检修电机 5. 线路过长或线型小，缩短线距或调换线路
		3. 接触器吸合后电机仍不工作	1. 熔断丝熔断 2. 接触器主接触头接触不良 3. 接触器输出线路接触不良或断路 4. 电机有故障（如绕组断路）	1. 更换熔断丝 2. 触头有烧损现象，修复或更换触头 3. 排除输出线路各接头的故障 4. 更换电机

电机故障诊断与排除参见第一章

五、水产养殖监测仪常见故障诊断与排除（表 11 - 5）

表 11 - 5 水产养殖监测仪常见故障诊断与排除

故障名称	故障现象	故障原因	排除方法
显示器不显示	显示器不显示	1. 电池没电 2. 显示灯烧坏	1. 更换电池 2. 更换显示灯
测量值不准	测量值不准	1. 仪器未校准 2. 电极的端部膜片有污迹、划痕、破损 3. 缺少内充液 4. 传感器上有脏物附着	1. 校准仪器 2. 清洗或更换膜片 3. 补充内充液 4. 清除传感器上脏物

六、三相异步电动机常见故障诊断与排除（表11－6）

表11－6　三相异步电动机常见故障诊断与排除

故障名称	故障现象	故障原因	排除方法
接通电源后电机不转或启动困难	电动机不能启动且无声	1. 保险丝断 2. 电源无电 3. 启动器掉闸	1. 更换符合要求的保险丝 2. 检查电源，接通符合要求的电源 3. 合上启动器
	电动机不能启动且有"嗡嗡"声	1. 缺一相电（电源缺一相电、保险丝或定子绕组烧断一相） 2. 定子与转子之间的空气间隙不正常，定子与转子相碰 3. 轴承损坏 4. 被带动机械卡住	1. 检查线路上熔断丝某相是否断开，若有断开应接通 2. 重新装配电机，保证同轴度达到要求 3. 更换轴承 4. 检查机械部分，空载时运转应自如，无阻滞现象
	电动机转速慢	1. 电源电压低 2. 错将三角形接线接成星形 3. 定子线圈短路 4. 转子的短路环笼条断裂或开焊 5. 电动机过负荷 6. 配电导线太细或太长	1. 升高配电压 2. 按说明书要求正确接线 3. 检查排除定子线圈短路 4. 修复转子短路环笼条 5. 降低负荷 6. 配符合要求的导线
	电动机启动时保险丝熔断	1. 定子线圈一相反接 2. 定子线圈短路或接地 3. 轴承损坏 4. 被带动机械卡住 5. 传动皮带太紧 6. 启动时误操作	1. 正确接线 2. 检查排除定子线圈短路 3. 更换轴承 4. 检查排除被带动机械卡住物 5. 调整传动皮带的张紧度 6. 正确操作启动
噪声大	运转时，发出刺耳"嚓嚓"声、"唑唑"声或吼声	1. 定子与转子相擦 2. 缺相运行 3. 轴承严重缺油或损坏 4. 风叶与罩壳相擦 5. 定子绕组首、末端接错 6. 紧固螺丝松动 7. 联轴器安装不正	1. 重新装配电机使之达到同轴度要求 2. 检查排除缺相 3. 轴承加油润滑或更换轴承 4. 应校正风扇叶片和重新安装罩壳 5. 检查改正绕组首、末端接线 6. 拧紧各部螺丝 7. 校正联轴器位置对中
	轴承内有响声	1. 轴承过度磨损 2. 轴承损坏	更换轴承
	电机运行时有爆炸声	1. 线圈接地（暂时的） 2. 线圈短路（暂时的）	1. 检查排除线圈接地 2. 检查排除线圈短路
	电机无负荷时定子发热和发出隆隆声响	1. 电源电压过高，电源电压与规定的不符 2. 定子绕组连接有误	1. 调整电压，使其达到额定值 2. 正确对定子绕组接线

续表

故障名称	故障现象	故障原因	排除方法
振动大	运转时，机器会跳动	1. 紧固螺栓松动 2. 轴弯或有裂纹造成气隙不均 3. 单相运转 4. 混入杂物 5. 不平衡运转 6. 校正不好，与联轴器中心不一致等	1. 拧紧紧固螺栓 2. 校轴或换轴，重新装配电机，保证同轴度并清除杂物 3. 用电笔或万用表分别检查相断路情况，找出原因加以排除 4. 清除杂物 5. 检查清洁风扇叶片等，做好静平衡试验 6. 校正联轴器位置对中
温度升高	运转时，电机外壳温度高但电流未超过额定值	1. 环境温度过高（超过40°） 2. 电机冷却风道阻塞 3. 电机油泥、灰尘太多影响散热 4. 电动机风扇坏或装反 5. 缺相运行	1. 环境超过40°停机，到温度降低后操作 2. 清除冷却风道障碍物 3. 清除电机黏附的油泥、灰尘等 4. 查或更换风扇，正确按装风扇 5. 用电笔或万用表分别检查相断路情况，找出原因加以排除
	运转时，电机外壳温度高但电流增大	1. 过负荷或被驱动机械有故障、引起过载 2. 电源电压过高或过低 3. 三相电压不平衡相差太大 4. 定子绕组相间或匝间短路 5. 定子线圈内部连接有误（误将三角形接成星形，定子绕组电压降低3倍；或星形接成三角形，定子绕组电压升高3倍） 6. 启动过于频繁	1. 降低负荷 2. 调整电压，使其达到额定值 3. 调整三相电压平衡 4. 用双臂电桥测量各绕组电阻值，找出短路原因加以排除 5. 检查后按说明书要求接成星形或三角形 6. 不过于频繁启动或间隔一定时间再启动
	轴承过热	1. 润滑油过多或过少 2. 润滑油过脏或变质 3. 轴承损坏或搁置太久 4. 轴弯或定子与转子不同心 5. 电机端盖松动	1. 润滑油加至规定量 2. 更换符合要求的润滑油 3. 更换轴承 4. 校正转子轴和定子的同轴度 5. 拧紧端盖螺栓
转速低和功率不足	电机空负荷时运转正常，满载时转速和功率都降低	1. 电源电压太低，电源电压与规定不符 2. 定子绕组连接有误	1. 调整电压，使其达到额定值 2. 正确连接定子绕组线

七、单相异步电动机常见故障诊断与排除

单相交流电动机常见故障诊断与排除（表11-7）。

表 11-7 单相交流电动机常见故障诊断与排除

故障名称	故障现象	故障原因	排除方法
电动机启动困难	电源正常，通电后电动机不能启动	1. 电动机引线断路 2. 主绕组或副绕组开路 3. 离心开关触点合不上 4. 电容器开路 5. 轴承卡住 6. 转子与定子碰擦	1. 接牢电动机引线 2. 修复主绕组或副绕组开路 3. 修复离心开关触点 4. 修复或更换电容器 5. 修复或更换轴承 6. 修复转子与定子装配间隙
	空载能启动，或借助外力能启动，但启动慢且转向不定	1. 副绕组开路 2. 离心开关触点接触不良 3. 启动电容开路或损坏	1. 修复副绕组 2. 修复离心开关触点 3. 修复或更换启动电容
电动机发热	电动机启动后很快发热甚至烧毁绕组	1. 主绕组匝间短路或接地 2. 主、副绕组之间短路 3. 启动后离心开关触点断不开 4. 主、副绕组相互接错 5. 定子与转子摩擦	1. 修复主绕组 2. 修复主、副绕组之间短路 3. 修复离心开关触点 4. 正确连接主、副绕组接线 5. 修复定子与转子的装配间隙
电动机运转无力	电动机转速低，运转无力	1. 主绕组匝间轻微短路 2. 运转电容开路或容量降低 3. 轴承太紧 4. 电源电压低	1. 修复主绕组 2. 更换电容 3. 修复或更换轴承 4. 调整电源电压
烧保险丝	易烧保险丝	1. 绕组严重短路或接地 2. 引出线接地或相碰 3. 电容击穿短路	1. 修复绕组 2. 正确连接引出线 3. 更换电容
运转有响声	电动机运转时噪声太大	1. 绕组漏电 2. 离心开关损坏 3. 轴承损坏或间隙太大 4. 电动机内进入异物	1. 修复绕组 2. 修复离心开关 3. 更换轴承 4. 清洁电动机异物

第十二章　设施水产养殖装备技术维护

相关知识

一、技术维护的原则

虽然设施水产养殖装备种类多，其技术性能指标各异，但对总体技术状态的综合性能要求是一样的，其基本保养原则如下。

1. 技术性能指标良好

指机器各机构、系统、装置的综合性能指标，如功率、转速、油耗、温度、声音、烟色和严密性等符合使用的技术要求。

2. 各部位的调整、配合间隙正常

指农业机械各部位调整部位、各部的配合间隙、压力及弹力等应符合使用的技术要求。

3. 润滑周到适当

指所用润滑油料应符合规定、黏度适宜，各种机油、齿轮油的润滑油室中的油面不应过高或过低。油不变质，不稀释、不脏污。用黄油润滑的部位，黄油要干净，能畅通且注入量要适当。

4. 各部紧固要牢靠

指机器各连接部位的固定螺栓、螺母、插销等应紧固牢靠，扭紧力矩应适当，不松动，不脱落。

5. 应保证四不漏、五净、一完好

指垫片、油封、水封、导线及相对运动的精密偶件等都应该保持严密，做到不漏气、不漏油、不漏水、不漏电；机器各系统、各部位内部和外部均应干净，无尘土、油泥、杂物、堵塞等现象，做到机器净、油净、水净、气净和操作人员衣着整洁干净；机器各工作部件齐全有效，做到整机技术状态完好。

6. 随车工具齐全

指机器上必需的工具、用具和拭布棉纱等应配备齐全。

二、技术维护的保养周期和内容与技术要求

机械的定期保养是在机器工作一定时间间隔之后进行的保养，是在班保养基础上进行的。高一号保养周期是它的低号保养周期的整数倍。

保养周期是指两次同号保养的时间间隔。保养周期的计量方法有两种，即工作时间法（h）和主燃油消耗量法（kg）。

1. 工作时间法

用工作时间（h）作为保养周期的计量单位时，统计方便，容易执行，也是其他保养周期计量的基础。它的缺点是不能真实地反映拖拉机等机械的客观负荷程度。因为机

器零部件的磨损程度不仅与工作时间有关，也同机器的负荷程度有关。例如在相同时间内，耕地引起的磨损比耙地严重得多，如以工作时间计算保养周期，在耕地时的保养就显得不够及时，而耙地时就显得过于频繁。

2. 主燃油消耗量法

以主燃油消耗量作为保养周期，能够比较客观地反映机器的磨损程度和需要保养的程度。因为，负荷越大，单位时间内燃油消耗量越多，机器磨损量越多，保养次数越勤，保养的时间间隔就应越短。同时，又把机器空行和发动机空转的因素包括在内，再结合油料管理制度改进，就比较容易保证定期保养的进行。所以应提倡推广以主燃油消耗量计算保养周期。

三、判别电容好坏的方法

电容是帮助电动机启动的主要元器件。判别电容好坏的方法是：将电容的两根线头分别插入电源插座，将两根线头取出，进行接触，如出现火花，说明电容放电，可正常使用。

四、判断电动机缺相运行的方法

（1）转子左右摆动，有较大嗡嗡声。

（2）缺相的电流表无指示，其他两相电流升高。

（3）电动机转速降低，电流增大，电动机发热，升温快。此时应立即停机检修，否则易发生事故。

五、润滑油的基本组成功用及选用

1. 组成

润滑油一般由基础油和添加剂两部分组成。基础油是润滑油的主要成分，决定着润滑油的基本性质，添加剂则可弥补和改善基础油性能方面的不足，赋予某些新的性能，是润滑油的重要组成部分。

2. 功用

润滑油是用在各种类型机械上以减少摩擦、保护机械及加工件的液体润滑剂，主要起润滑、冷却、防锈、清洁、密封和缓冲等作用。

3. 润滑油选用

润滑油选用是润滑油使用的首要环节，是保证设备合理润滑和充分发挥润滑油性能的关键。选用润滑油应综合考虑以下几个方面的要素。

（1）要按照所用机械设备说明书的指定或推荐选用润滑油。

（2）按照相关规定选用润滑油。如内燃机油的选择就需要了解它的物理、化学性能；如柴机油或汽机油的燃烧过程，滞燃期的长短以及燃烧的完善程度。

（3）根据机械设备实际使用时的工作条件选用润滑油。季节不同，零部件的性能不同，使用的润滑油也不同（如齿轮要用齿轮油、链条要用链条油、涡轮机要用透平油）。

（4）要选用理化指标合格并适用工况要求的润滑油。润滑油黏度过低，机动车油压不足；黏度过高，发动机启动慢。碱值过低会加速机械零部件的磨损，缩短机械设备的使用期。

（5）实施润滑油分级管理，选用适宜润滑油等级。

总之，对于大型机械设备来说，润滑油遍布整个机械设备全身，它就像人的血液一样，如果机械设备没有好的润滑油就不能正常运转，就不能得到及时的保养和维护，机械设备就不会发挥出应有的作用。只有正确的选择和使用润滑油，机械设备效能才能最大限度的得到发挥，才能为企业创造出最大的效益。

六、轴流泵的拆卸

轴流泵的结构比离心泵简单，但由于零部件较重，安装精度要求较高，所以，拆卸工作比离心泵费力，在拆卸时必须注意安全。轴流泵的部件拆卸可分两部分进行，现以立式轴流泵为例说明其拆卸过程。

1. 上机座的拆卸

先拆去弹性联轴器的螺丝，松开电动机与机座连接的螺丝，取下电动机。用木块撑住刚性联轴器，以防泵轴往下落，再拆去传动轴的拼帽螺母，轴承压盖和刚性联轴器的连接螺丝，把传动轴向上提到一定高度，随后拆下刚性联轴器的拼帽螺丝，取下弹性联轴器，即可将传动轴抽出上机座。再把弹性联轴器拆下，将滚动轴承从传动轴上用专用工具取下来，至此，上机座全部拆下完毕。

2. 下部泵体部分拆卸

先拆下进水喇叭，然后用专用工具把泵轴下端叶轮螺母拧开，便可把整个叶轮拆下来。对装有动叶圈的水泵，在拆下进水喇叭以后，将动叶圈拆开再拆叶轮。

叶轮拆下后，可以把泵轴向上抽出，然后拆卸导叶体，其方法是把导叶座与上部泵体弯管的连接螺丝一一松开，导叶座即可取下。再用套筒扳手把橡胶轴承与导叶座连接螺丝拆去，就可把橡胶轴承取下来。再拆弯管上的填料函压盖，钩出填料。继续拆掉上橡胶轴承的固定螺丝，取出上橡胶轴承。

泵体弯管固定在水泵梁上，一般不拆。上述拆卸方法适用于口径在 650mm 以下的小型轴流泵。

操作技能

一、排灌机械的技术维护（以电动水泵为例）

（一）运行中技术维护

1. 若是离心式水泵，必须在关闭闸阀状态下启动，待机组运转正常无异常现象后再开启闸阀。开起闸阀的时间要尽可能短，一般 3～5min，否则泵内发热而引起零部件损坏。特别注意的是：离心式水泵严禁开闸启动，只有轴流泵和混流泵宜开闸启动。

2. 注意机组声响和振动，机组在正常运行时应平稳，声音也应正常。如果出现振动过太或噪声，说明机组有了故障，这时应停机检查，排除隐患。

3. 检查轴承温度和润滑油的油质、油量，经常测量轴承的温度是否合适。当温度过高时，必须停机检查原因。一般加油过多或过少以及油质过稠、过稀、变质、混进其他杂物等原因都会造成轴承发热。轴承内的润滑油要适中，牌号要符合要求。对采用油环润滑的轴承，一般油被油浸泡 15mm 左右，滚动轴承黄油加到轴承箱容量的 1/3 即可。换油间隔时间一般为 500h 一次，新机组适当提前换油，加油量的多少与换油时间，可根据制造厂的使用说明书的规定进行。

4. 注意仪表指针的变化。当运行情况正常时，仪表指针总是稳定在一个位置上。如机组运行中出现了异常情况，仪表指针就会剧烈地变化和跳动，这时应立即停机检查，消除故障。

5. 注意水泵填料涵是否正常。填料不可压得太紧或太松，运转时须有水滴陆续滴出方为合适，并注意进水管接头是否严密，水泵进水口处是否漏气。

6. 观察进水池的水位变化，在进水池的水位降低到规定的最低水位以下时，应予以停机，继续勉强运行会损坏水泵。应经常检查和清除水池内的杂草、杂物，以免堵塞。

7. 离心式水泵停机时应先关闭闸阀，然后切断电源停机，严禁开闸停机。

（二）作业结束后的技术维护

1. 将水泵和水管内剩水全部放净。

2. 如果水泵和管道拆卸方便，可将它们拆下来，除掉铁锈，涂上红丹和沥青，待干后放置在干燥处储藏，若是铁皮管每年最好涂油漆 1 次，以防锈蚀。

3. 进行轴承的维护。检查轴承的磨损情况，若轴承的磨损严重，间隙过大或已经损坏，必须更换新轴承；如果轴承的磨损量较小，技术状态较好，应继续使用，可先用煤油清洗，再用汽油洗净，然后加入新黄油安装好。

4. 检查水泵叶轮上是否有裂痕和被汽蚀的小孔，叶轮固定螺母是否松动，若有损坏应修复或更换。

5. 检查泵轴有无弯曲或磨损，并根据弯曲和磨损情况进行修复或更换。

6. 检查叶轮与减漏环处之间的间隙，若间隙超过允许值时，应更换或修理减漏环。

7. 对于皮带传动的机组，应把皮带拆下来洗擦干净后挂在干燥的地方。注意不要与油脂接触，以防腐蚀。

8. 若水泵和管道都不拆卸时，应用盖板将出水口封好，防止杂物进入管道内。

9. 清除填料上的腐蚀物，整修填料涵或更换填料。

10. 检查电机及配电设施、导线等是否完好，若有损坏应更换或修复。

11. 把所有的螺钉、螺母洗净，涂上废机油或浸泡在废柴油内保存。

二、水力挖塘机组的技术维护

1. 泵的维护

1. 工作时，每班必须往泵座、电机座的油杯内加一次黄油，以保证轴承及油封的润滑。电机每运行一季时，宜保养一次；泵体每工作 360h 需拆洗保养一次。

2. 长期不使用，应清洗、保养、加油并存放干燥处。泵入口处应防杂物落入，泵宜立置，以防主轴变形。

2. 配电系统的维护

1. 电机和配电箱内切忌受潮，储存必须置于干燥处，加遮盖，以防潮气入侵。

2. 经常清除尘垢，无论是储存还是使用情况下，都尽量避免尘垢、水汽、杂物入侵。

3. 使用中要随时注意电机散热和通风状况，以免电机过热烧坏。

4. 如遇有异常，应立即停机检查。

5. 经常检查配电箱内螺丝紧固情况，元件动作是否正常。

三、水产养殖监测仪的技术维护

1. 仪器应注意防潮，特别应保持后面板上各传感器插座和探头插头干燥，防止降低仪器输入阻抗。

2. 更换电池时，只能卸下仪器底面电池盖板两个螺丝，其余螺丝不动。

3. 如仪器长期不用，可卸下探头护罩，将各传感器洗净擦干保存。

4. 如仪器短期不用，则应将探头浸在蒸馏水中保存，这样探头可随时启用。

第四部分 设施水产养殖装备操作工
——高级技能

第十三章 设施水产养殖装备作业准备

相关知识

一、鱼类工厂化育苗基本设施

目前国内外鱼类育苗方法主要有室内水槽（工厂化）育苗和室外土池育苗。好的水质和好的育苗设施，是取得育苗成功的关键因素。

一般育苗场的主要建筑物有育苗室、饵料室（动物、植物饵料室）、锅炉房、风机室、变配电室、水泵房、沉淀池、砂滤池、库房、办公楼等。主要设施如下。

1. 育苗池

比较理想育苗池的规格是：面积 25～40m²，水深 1.5～1.6m，半埋式，露出地面 0.5m 左右，以便于观察、管理，防止污物入池。

育苗池一般应设海水或淡水供水管、排水管、换水管、加热管、充气管。

2. 饵料池

动物饵料池主要用于培养轮虫，植物饵料池主要用于培养单细胞藻类。

动物饵料池单池有效水体面积一般为 10～30m²，有效水深在 1.4～1.8m，池底坡度大于 3%。卤虫孵化采用孵化桶。

植物饵料池有两种规格：二级池的面积为 2～3m²，水深约 1.0m；三级池面积约 60m²，水深 1.5m。配有供水管、排污管及充气管，配备水泵。

3. 水处理及供水设备

水处理：先经过沉淀池（蓄水池）沉淀，再进行砂滤。

供水系统：包括水泵、管道、蓄水池、砂滤池、砂滤蓄水池。

4. 制氧系统

5. 加温设备

蒸汽锅炉或电热器。

6. 其他配套设施

发电设备等。

二、水产育苗装备技术状态检查

设施水产育苗养殖装备技术状态检查的内容和方法参见第五章中相关知识。

三、设施养鱼场鱼病防治程序

鱼病防治的原则是预防为主。防病治病工作贯彻于养鱼的各个环节，亲鱼养殖场、产卵池、孵化池、鱼苗培育池（网箱）、鱼苗养成池（箱）和商品鱼养成池（网箱）均要按下列程序搞好防病工作。

1. 池塘清整

（1）干池清整　每年冬天商品鱼上市后，排干池水，清除过多的淤泥，修筑堤埂，翻起底土，进行日晒和冰冻。可杀灭部分细菌和寄生虫，水生昆虫等。也可使用生石灰或漂白粉。

（2）高水位池塘　如无法将水排干时，可在临用前10～15天进行带水清整。尽量排去池水，测量水深，按每亩、每米水深施用生石灰150kg，加水溶解后趁热全池泼洒。或用漂白粉（含氯石灰）清池，剂量为20g/m³水体，即每亩1m深水面用漂白粉5～10kg，使有效氯达到6mg/L。其他含氯消毒剂，如二氯异氰脲酸钠（优氯净）和三氯异氰脲酸钠（漂白精），含有效氯60%～65%，可每亩1m深水面使用3～5kg。

（3）杀灭野杂鱼及部分水生昆虫幼体　茶籽粕：含皂角甙10%～15%；属溶血性毒素，对鱼类，水生动物致死浓度为10mg/L，对虾、蟹毒性较小。清池时，平均水深15cm时，每亩用量10～12kg，药性维持5～7天，残渣可以肥池；带虾、蟹杀灭野杂鱼时，平均1m深，每亩水面用15kg。均先浸泡一夜，第二天对水全池泼洒，鱼被药昏或药死后捞出。

2. 鱼入塘前进行消毒处理：

（1）亲鱼消毒　4%～5%食盐水浸浴10～15min；

（2）鱼卵消毒　为防止水霉病，孵化器具使用前用漂白粉溶液洗刷消毒；鱼卵在5～10mg/L（5～10g/m³水体）高锰酸钾溶液中浸泡3～5min。孵化时发现水霉病，可从入水口处输入孔雀石绿5～10ppm溶液。

（3）鱼苗消毒　4%～5%食盐水浸泡10min后入池。

（4）杀灭水体中的寄生虫及敌害动物　0.1mg/L结晶敌百虫融化后泼入孵化池或育苗池中。

3. 饵料清洁

投喂的天然饵料要新鲜、适口；如投喂动物性饵料，要求新鲜无毒害，打浆或粉碎后，要用水冲洗，使汁液流尽再投喂，以免汁液变质后败坏水质；投喂人工饵料要求新鲜，无霉败变质，在数量上要使鱼吃饱即可，尽量减少残饵；使用的颗粒饲料，在水中保型时间必须符合要求。

4. 水质调控

经常检测水中溶解氧，使不低于3mg/L的下限；查pH值、氨氮、亚硝酸盐、硫化氢等，使保持在水质允许范围内；减少环境因素对鱼虾造成的应激；调控水质，使水体中无机离子尽快转化为可供水生动植物利用的有机物，并防止水体富营养化。冲水，调整水体的透明度和有机物浓度，使水质保持"肥、活、嫩、爽"。

根据情况，每月1～2次投放生石灰15～20kg/亩进行消毒。

5. 加强巡塘工作

结合巡塘，定期监测工作，对疫病早发现、早诊治。对养殖动物的任何异常现象都不能忽视，尤其对发现的病死鱼更不能迟缓，应及时捞出，查找病因，及时采取相应救治措施，必要时请水产专家帮助诊断和给出防治建议。合理用药。

对病死鱼尸体，要妥善处理，防止疫病的扩散和二次污染。

6. 积极应用疫苗

虽然国产疫苗极少，但对一些暂时无有效救治方法的鱼病，如有疫苗，要积极采用，采购和应用时必须了解疫苗来源，生产或试验单位的资历，此种疫苗在其他场使用效果等，决不能盲从，以免购得假疫苗、吃亏上当、贻误病情。

四、防疫消毒作业准备

（一）消毒剂选购和使用注意事项

1. 选择消毒剂应根据鱼的日龄、体质状况以及季节和传染病流行特点等因素，针对污染的病原微生物的抵抗力、消毒对象特点，尽量选择高效低毒、使用简便、质量可靠、价格便宜、容易保存的消毒剂。

2. 选用消毒剂时应针对消毒对象，有的放矢，正确选择。一般病毒对碱、甲醛较敏感，而对酚类抵抗力强，大多数消毒剂对细菌有很好的杀灭作用，但对形成芽孢的杆菌和病毒作用却很小，而且病原体对不同的消毒剂的敏感性不同。

3. 选用消毒剂要注意外包装上的生产日期和保质期，必须在有效期内使用。要求保存在阴凉、干燥、避光的环境下，否则会造成消毒剂的吸潮、分解、失效。

4. 使用前应仔细阅读说明书，根据不同对象和目的，严格按照使用说明书规定的最佳浓度配制消毒液，一般情况下，浓度越大，消毒效果越好。

5. 实际使用时，尽量不要把不同种类的消毒剂混在一起使用，防止相颉颃的两种成分发生反应，削弱甚至失去消毒作用。

6. 消毒药液应现配现用，最好一次性将所需的消毒液全部对好，并尽可能在短时间内 1 次用完。若配好的药液放置时间过长，会导致药液浓度降低或失效。

7. 不同病原体对不同消毒剂敏感程度不一样，对杀灭病原体所需时间也不同，一般消毒时间越长，消毒效果越好。喷洒消毒剂后，一般要求至少保持 20min 才可冲洗。

8. 消毒效果与用水温度相关。在一定范围内，消毒药的杀菌力与温度成正比，温度增高，杀菌效果增加，消毒液温度每提高 10℃，杀菌能力约增加一倍，但是最高不能超过 45℃。因此夏季消毒效果要比冬季要强。一般夏季用凉水，冬季用温水，水温一般控制在 30~45℃。熏蒸等消毒方式，对湿度也有要求，一般要求相对湿度保持在 65%~75%。

9. 免疫前、后 1 天和当天（共 3 天）不喷洒消毒剂，前、后 2~3 天和当天（共 5~7 天），不得饮用含消毒剂的水，否则会影响免疫效果。

10. 应经常更换不同的消毒剂，切忌长期使用单一消毒剂，以免产生抗药性。最好每月轮换一次。

11. 消毒器械使用完毕后要用清水进行清洗，以防消毒液对其造成腐蚀。

12. 消毒后剩余的消毒液以及清洗消毒器械的水要专门进行处理，不可随意泼洒以免污染环境。

（二）防疫消毒作业准备

1. 操作者穿戴好防护用品，进入养殖区时必须淋浴消毒、更换工作服、戴口罩。

2. 提前打扫养殖舍等环境，清洁设备，要求地面、墙壁、设备干净、卫生、无死角。

3. 喷雾消毒前应提前关闭养殖舍门窗，减少空气流动，提高养殖舍内的温度和湿度。

4. 根据养殖的对象、年龄、体质状况以及季节和传染病流行等污染源的特点等因素，选择消毒剂和消毒机械。

5. 按照使用说明书要求在容器内规范配制好药液，不要在喷雾器内配制药液。

6. 配制可湿（溶）性粉剂消毒剂。

（1）计算　根据给定条件配制浓度和药液量，正确计算可湿性粉剂用量和清水用量。

（2）配制消毒液　首先将计算出的清水量的一半倒入药液箱中，再用专用容器将可湿性粉剂加少量清水搅拌调成糊状，然后加一定清水稀释、搅拌并倒入药液箱中。最后将剩余的清水分2~3次冲洗量器和配药专用容器，并将冲洗水全部加入药液箱中，用搅拌棒搅拌均匀。盖好药液箱盖，清点工具，整理好现场。

7. 配制液态消毒剂。该项配制的步骤与上述（6）基本相同，其不同之处在于配制母液。先用量杯量取所需消毒剂量，倒入配药桶中。再加入少许水，配制成母液，用木棒搅拌均匀，倒入药液箱中。

8. 检查消毒机械的技术状态并清洗机械。

9. 检查供水系统是否有水，舍内地面排水沟、排水口是否畅通。

10. 检查供电系统电压是否正常、线路绝缘及连接是否良好、保护开关灵敏有效。

11. 检查养殖舍内其他电器设备的开关是否断开，防止漏电事故发生。

五、设施水产养殖环境智能化调控简介

设施水产养殖环境智能化调控是利用先进的工业控制技术结合现代生物技术和工程技术来装备和调控特种水产养殖生产，为特种水产养殖生长营造适宜的生长环境，采用工业化生产方式实现连续、高效、优质、高产、低耗的水产养殖生产。在设施水产养殖生产知识系统的支持下完成生产环境和生产设施的自动调节，配合用户管理平台实现对设施水产养殖的实时操作监控、报警、调节、管理及日常数据报表等功能。实现"分散控制，集中操作"和无人值守，减少设施农业生产的劳动力需求并提高劳动的舒适度，大幅度提高生产效率和管理水平。

（一）智能化环境调控系统总体结构

设施水产养殖环境智能化调控是由多系统集成的控制平台，由硬件和软件两部分组成。其硬件有传感器、传感器变换器接口、智能控制器、计算机网络、被控设备、现场总线等组成；软件上不仅要求完成设备多因素的综合调节控制，而且和设施水产养殖生产的不同领域相关，要求建立一不同水产养殖生产的知识和专家系统，科学全面地指导家农民对生产过程的调节和管理。总体结构主要包括以下4个模块。

（1）环境因子采集、转换与处理模块　其包括空气温湿度，光照、CO_2、pH 值等环境因子的检测，并将采集的信号转换为计算机和操作人员可识别的量，并由计算机进行相关处理。

（2）分析与决策模块　依据设施水产养殖生长发育特点及对环境的要求，集成环境气候控制等专家系统或模型，实现设施水产养殖生长环境控制的智能化。

（3）执行模块　实现包括加温供暖、遮阳网、天窗、侧窗等系统的自动控制。

（4）界面与通信模块　利用现代无线通讯、网络技术等，进行设施环境的通讯和管理，实现分布式网络控制和远程管理。

设施水产养殖智能化环境调控系统的主要工作流程见图 13-1，根据温室（舍）内的传感器获取的室内温度、湿度、光照度、CO_2 浓度等信息，结合控制模型生成决策方案，通过控制指令，来驱动相关的执行机构（如温室、舍天窗的电机与电磁阀或加温供暖等），从而对设施舍内的小气候环境进行调节控制，以达到设施水产养殖生长发育的最佳环境。目前，我国正从粗放型的设施水产养殖向精细型的设施水产养殖方向发展，因而要求测量控制系统向精确化、智能化、产业化、网络化的方向发展。

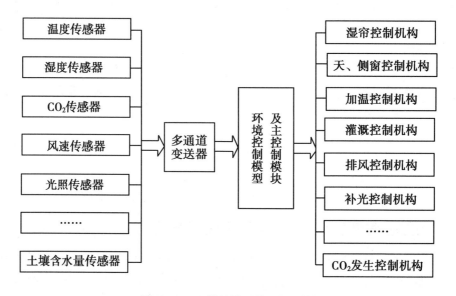

图 13-1　环境调控系统总体结构

（二）智能化环境调控技术要求

（1）准确性　作为在实际生产中被应用的水产养殖舍智能化环境监控系统，必须能够正确地分析判断水产养殖的生长状况，有效地检测和控制各个环境因素的变化，故障发生率很低。

（2）经济性　对水产养殖舍进行综合环境调节，其最终目的是为了获得最大的经济效益。因此，作为在实际生产中被应用的水产养殖舍智能化环境调控系统的价格和运行机制必须合理而经济，否则无法大规模推广应用。

（3）简便性　作为设施水产养殖通用生产技术，水产养殖舍智能化环境监控系统必须要保持操作简便，通用性强，容易被从事设施水产养殖生产的人员掌握和利用。

（三）水产养殖舍环境调控技术的发展趋势

1. 智能化

随着传感技术、计算机技术和自动控制技术的不断发展，温室计算机环境调控系统的应用将由简单的以数据采集处理和监测，逐步转向以知识处理和应用为主。因此，软件系统的研制开发将不断深入完善，其中以专家系统为主的智能管理系统已取得了不少研究成果，而且应用前景非常广阔。因此近几年来神经网络、遗传算法、模糊推理等人工智能技术在温室生产中得到了不同程度的应用。

2. 网络化

目前，网络技术已成为最有活力，发展最快的高科技领域。网络通信技术的发展促进了信息传播，使设施农业的产业化程度的提高成为可能。我国幅员辽阔，气候复杂，劳动者整体素质低，可利用网络进行在线和离线服务。

3. 分布式

分布式系统通常也是分为上、下两层，上层用作系统管理，其他各种功能（测量与控制任务）主要由下层完成。下层由许多各自独立的功能单元组成，每个单元只完成一部分工作。面向对象的分布式系统，即每一个功能单元针对一个对象，每一根进线、每一根出线、每个传感器、接触器等都可作为对象。

操作技能

一、臭氧消毒机技术状态检查

1. 检查发生器中各臭氧发生单元定位是否准确，各紧固、支撑、连接部件安装是否牢固。

2. 检查发生器各仪器（表）的接口和水、气管道接口位置是否准确。

3. 检查臭氧发生器是否通电，通电后有无臭氧产生。

4. 检查水循环冷却系统是否良好。

二、制氧机技术状态检查

1. 将220V、1 000W的电源插板与制氧机上的电控柜上电源插头相连，确认电控箱有电。确认制氧机上所有阀门处于原始关闭状态。

2. 检查电控程序系统工作，其步骤如下：打开电控柜上的电源开关，即发现左吸指示灯亮，过1~2min该灯灭；而后均压指示灯亮几秒后，该灯灭，右吸指示灯亮；过1~2min后右吸指灯灭，均压指示灯又亮，几秒钟后左吸灯亮；依次循环下去几个周期（1~2min，根据具体设备及工况而确定），即说明电控程序系统工作正常，然后关闭电源开关待用。

3. 检查压缩空气气源系统。

（1）按照空压机和干燥机的使用说明书，检查确认空压机、干燥机等需要接电的设备应接入的电源电压（380V或220V），并接好电源。

（2）截断排气阀门，进行区域性空载试压，由排空口放气30min左右，检测机器性能。

（3）试运转看处理压缩空气时是否能达到常压露点 -40℃左右。干燥机需与当地环境相符合。

（4）检查进入制氧机的供气压力，一般为 0.4MPa 左右（具体数值随设备型号而异）。

（5）检查系统管道连接安装的完整性、安全性和气密性。

（6）进行分段吹扫管路和保压试验。

三、蛋白质分离器技术状态检查

1. 检查管道是否有漏水，确认所有管道连接是紧密状态。

2. 检查排水阀门和排污阀门的状态是否正确。平时排水阀门应保持关闭，排污阀门保持开启。

3. 开启水泵电源前，检查蛋白分离器内部是否注满水，确认水泵不要空转。

四、砂滤缸技术状态检查

1. 检查砂缸内的砂数量是否合适，同时检查所有管道系统连接是否紧固和密封。

2. 将缸头控制器的手柄压下并推向反冲洗位置，检查水池是否已注满水，检查所有管阀是否已开通，然后启动水泵使水进入砂缸，并由排水管排出，以除去系统内的污垢或过滤砂中较细的砂粒。

3. 关闭水泵，同时将缸头控制器的手柄压下并推向正冲洗位置，开启水泵，检查是否冲净管道。

4. 关闭水泵，将缸头控制器的手柄压下并推向正常过滤位置。开启水泵，检查系统是否进入正常过滤状态。

5. 检查砂缸压力表的读数是否正常。记录砂缸压力表的初始读数（不同的工况和砂层厚度，初始读数会有所不同）。当砂层过滤了较多的污物后，会使压力上升和水流减慢。当压力表读数高于初始读数 1.5Pa 时，必须对砂滤缸进行反冲洗操作。

五、微滤机技术状态检查

1. 检查微滤机的放置是否符合要求。它应放置在混凝土板上，或非常坚固的地上，相对高度应高于池水水面，微滤机选位应考虑管系连接，操作方便和可维护性，并水平放置。

2. 检查微滤机各部分有无松动、脱落。

3. 连接抽水机管道到标志"进水口"的法兰，并在管道中设置阀门，前端设置粗滤网，以防止塑料布等杂物进入微滤机。

4. 连接水池管道到标志"出水口"的法兰。

5. 连接排水管道到标志"排污口"的开口。

6. 连接自来水管道或经过过滤的清洁海水管道到标志"反冲水口"的开口。如果使用自来水，应在管道中，靠近微滤机的位置设置阀门，如果使用经过过滤的清洁海水，应设置水泵的电源开关。

7. 检查是否有漏水，确认所有管道连接紧密。

8. 连接电动机的电源及开关，（注意：电动机使用交流 380V 电源，电动机的旋转方向必须与标志方向一致，三相电源不得缺相，并可靠接地；建议把开关安装在便于操作的位置）。

六、蒸汽锅炉技术状态检查

1. 检查锅炉所有人孔盖和手孔盖是否装好，各法兰密封处螺丝是否拧紧等；同时应检查法兰处装置的临时隔板及其他临时堵头是否全部拆除。

2. 检查炉膛及烟道内的积灰及杂物是否清除干净，风道及烟道的调节门。闸板是否完整严密，开关灵活，启闭度指示准确。检查完毕即将省煤器的主烟道挡板关闭，开启旁烟道挡板，如无旁烟道时，应开启省煤器再循环管的阀门。

3. 检查锅炉外部炉墙是否完好严密，炉门、灰门、看火门和检查门等装置是否完整齐全，关闭是否严密。

4. 检查安全附件是否良好，旋塞是否旋转灵活好用。各种仪表和控制装置应齐全、完好、清洁，水位计照明良好。检查合格后，应使水位计、压力表旋塞处于工作状态。

5. 检查锅炉各种管道上的阀门手轮是否完整无缺，开关是否灵活，密封盘根是否充足。检查合格后，开启蒸汽管道上的各疏水阀门和给水管道上的阀门。

6. 检查燃烧装置是否完好。进行机械传动、输煤、出碴系统试运转，检查其技术状态是否正常，调速箱安全弹簧压紧程度应适当，润滑良好；煤闸板应升降灵活，煤闸标尺指示正确；老鹰铁应整齐、完好；翻渣板应完整，动作灵活。

7. 检查辅助设备（引风机、鼓风机、水泵等）联轴器是否连接牢固，三角皮带应松紧适当，润滑油应良好、充足，冷却水畅通。检查合格后，装好安全防护罩，分别进行试运转，并注意空转时的电流。除尘装置落灰口应封闭严密，不可漏风。

8. 经检查锅炉符合运行要求后，即可开始进水。进水时，应开启锅炉上的空气阀；进水宜缓慢，水温最高不应超过 90℃，冬季水温应在 50℃ 以下。进水期间，应检查入孔，手孔及各部位的阀门，法兰是否有漏水现象；否则，应停止上水进行处理。当水进至水位计最低水位时，应停止进水。此时，水位计内的水位应维持不变。否则，应查明原因，设法消除。

七、背负式手动喷雾器作业前技术状态检查

1. 检查喷雾器的各部件安装是否牢固。
2. 检查各部位的橡胶垫圈是否完好。新皮碗在使用前应在机油或动物油（忌用植物油）中浸泡 24h 以上。
3. 检查开关、接头、喷头等连接处是否拧紧，运转是否灵活。
4. 检查配件连接是否正确。
5. 加清水试喷。
6. 检查药箱、管路等密封性，不漏水漏气。
7. 检查喷洒装置的密封和雾化等性能是否技术状态良好。

八、背负式机动弥雾喷粉机作业前技术状态检查

1. 按背负式手动喷雾机技术状态检查内容进行检查。
2. 检查汽油机汽油量、润滑油量、开关等技术状态是否良好。
3. 检查风机叶片是否变形、损坏，旋转时有无摩擦声。
4. 检查轴承是否损坏，旋转时有无异响。
5. 检查合格后加清水，启动汽油机进行试喷和调整。

第十四章　设施水产养殖装备作业实施

相关知识

一、臭氧消毒机的组成和功用

1. 臭氧消毒机的组成

臭氧消毒机是用于制取臭氧气体（O_3）的装置。臭氧发生器主要由臭氧管、高频电源、风机和控制系统四部分组成，见图 14-1。

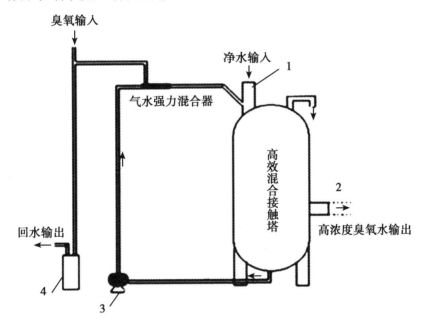

图14-1　臭氧消毒机工作状态图

1-进水口；2-出水口；3-加压泵；4-不锈钢防回水筒

臭氧管是臭氧发生器的核心部件，电极间隙对产生的臭氧浓度有很大影响，间隙越小，臭氧浓度越大。外接电源使用交流电源，经降压整流变成直流电源，供高频电源使用，高频电源对臭氧管产生高频电压，使臭氧管工作，把氧气转变成臭氧气体。

风机和高频电源的工作状态由控制系统控制，主要控制臭氧管的工作时间，起到调节臭氧产量的作用。

风机的作用是供给臭氧管工作所需气源，加速臭氧管产生的臭氧气体向机器外排放，并及时散发电极工作产生的热量，以保证电极的工作温度在正常范围内。

2. 臭氧的特性

臭氧有鱼腥味。臭氧是强氧化剂的一种，有强氧化剂的杀菌消毒作用。

下雨时大气中的臭氧层被雷电激化，空气中的氧气转化为臭氧。这是空气源产生的臭氧，它产生的臭氧产量和浓度比较低，而氧气源产生的臭氧产量和浓度比较高，但是，氧气源存在潜在危险，使用不当它会爆炸。

二、制氧机的组成及其工艺流程

1. 制氧机的组成

制氧机由空压机、冷干机、主路过滤器，精密过滤器组、制氧机、空气储罐、氧气储罐、流量计、除菌过滤器、氧气纯度分析仪、氧气压缩机、汇流排、配电箱组成。

2. 制氧机工艺流程

制氧机工艺流程见图 14－2。空气经空压机压缩后，经过除尘、除油、干燥后，进入空气储罐，经过空气进气阀、左进气阀进入左吸附塔，塔压力升高，压缩空气中的氮分子被沸石分子筛吸附，未吸附的氧气穿过吸附床，经过左产气阀、氧气产气阀进入氧气储罐，这个过程称之为左吸，持续时间为几十秒。左吸过程结束后，左吸附塔与右吸附塔通过均压阀连通，使两塔压力达到均衡，这个过程称之为均压，持续时间为 3～5s。均压结束后，压缩空气经过空气进气阀、右进气阀进入右吸附塔，压缩空气中的氮分子被沸石分子筛吸附，聚集的氧气经过右产气阀、氧气产气阀进入氧气储罐，这个过程称之为右吸，持续时间为几十秒。同时左吸附塔中沸石分子筛吸附的氧气通过左排气阀降压释放回大气当中，此过程称之为解吸。反之左塔吸附时右塔同时也在解吸。为使分子筛中降压释放出的氮气完全排放到大气中，氧气通过一个常开的反吹阀吹扫正在解吸的吸附塔，把塔内的氧气吹出吸附塔。这个过程称之为反吹，它与解吸是同时进行的。右吸结束后，进入均压过程，再切换到左吸过程，一直循环进行下去，从而完成制及供氧过程。

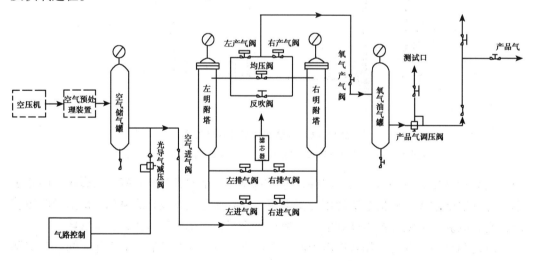

图 14－2 PSA 制氧机工艺流程示意图

制氧机的工作流程是由可编程控制器控制 5 个二位五通先导电磁阀，再由电磁阀分别控制 7 个气动管道阀的开、闭来完成的。5 个二位五通先导电磁阀分别控制左吸、均压、右吸状态。左吸、均压、右吸的时间流程已经存储在可编程控制器中，在断电状态下，5 个二位五通先导电磁阀的先导气都接通气动管道阀的关闭口。当流程处于左吸状态时，控制左吸的电磁阀通电，先导气接通左吸进气阀、左吸产气阀、右排气阀开启口，使得这3个阀门打开，完成左吸过程，同时右吸附塔解吸。当流程处于均压状态时，控制均压的电磁阀通电，其他阀关闭；先导气接通均压阀开启口，使得这阀门打开，完成均压过程。当流程处于右吸状态时，控制右吸的电磁阀通电，先导气接通右吸进气阀、右吸产气阀、左排气阀开启口，使得这3个阀门打开，完成右吸过程，同时左吸附塔解吸。每段流程中，除应该打开的阀门外，其他阀门都应处于关闭状态。

3. 制氧机作业安全事项

目前制氧机使用的吸附剂（沸石分子筛）吸附压力一般为0.4MPa左右，整个制氧机系统中气体均是带压的，具有冲击能量；因此设备安装、调试、操作维修时必须注意安全。作业安全事项如下。

（1）高纯氧在密封环境中容易使人发生氧中毒。使用时，人员必须处于通风良好的环境中，人或动物切勿在充满纯氧的密封环境中，以免发生伤亡事故。当发生事故时，迅速将事故者运往敞开、通风的大气中采取适当抢救措施。

（2）由于整个制氧系统中气体均是带压的，需防止压力气体的加渣冲击；在空压机、干燥机、制氧主机等设备的排气口，请勿站人。切勿擅动系统中管路阀门、压力表等部件。内部拆卸时，必须确认其内压力为零。

（3）整个系统中的连接管路必须牢固可靠密封，以免漏气或造成管路破裂，发生人员伤亡或财物损坏。

4. 氧气的性质

氧气作为空气中含量丰富的气体，取之不竭，用之不尽。它无色、无味，透明，维持生命。氧气（O_2）在空气中的含量为20.9476%。空气中其他气体的容积组分为：N_2 为 78.084%、氩气为0.9364%、CO_2 为 0.0314%，其他还有 H_2、CH_4、O_3、SO_2、NO_2 等，但含量极少，分子量为32，沸点为 -183℃。

三、蛋白质分离器的组成和功用

蛋白质分离器又称为蛋分器、化氮器、蛋白质除沫器、泡沫分馏器等，它是国内外循环水养殖系统中普遍采用的新型水处理设备。

蛋白质分离器一般由进气管、进水口、臭氧进气口、进气阀、减压管、排污口、混合室、出水口、出水管、出水阀、排空阀、流量计、泡沫排污管、液位管、透明收集管等组成（图14-3）。

它利用泡沫分离原理，可有效地从养殖系统中

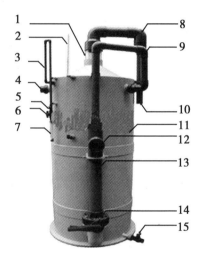

图14-3　蛋白质分离器结构示意图

1-透明收集管；2-液位管；
3-进气管；4-进水口；
5-臭氧进气口；6-进气阀；
7-流量计；8-泡沫排污管；
9-减压管；10-排污口；
11-混合室；12-出水口；
13-出水管；14-出水阀；
15-排空阀

去除溶解有机物、固体悬浮颗粒、氨氮，并能去除腐殖物质增加水质清澈程度，去除有机酸稳定 pH；另外，还可以增加溶解氧，若与臭氧发生器联合使用，同时还可以起到

杀菌消毒的作用。

蛋白质分离器有逆流式、压力式和气举式（已基本淘汰）3 种。理论上蛋白质分离器能分离水中 80% 的蛋白质，但它的实际工作能力只能分离水中 30% ~ 50% 的蛋白质废物。

四、砂滤缸的组成和功用

砂滤缸主要由水泵、砂缸、分水器、过滤管、缸头控制器等组成，见图 14 - 4。

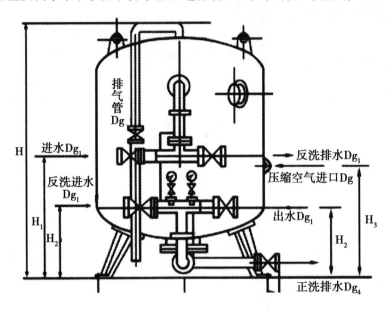

图 14 - 4　砂滤缸结构示意图

其功用是把水中的污物经过砂层的过滤后，使干净水重新回用。通常配合蛋白质分离器及紫外线杀菌器一起使用，以起到更好的效果。

五、微滤机的组成和功用

微滤机主要由进水槽、精密过滤器、转盘、电机驱动装置等组成；辅助设备包括：反冲洗泵、流体加热器、滑盖及支架。其外形见图 14 - 5。

其功用是采用 80 ~ 200 目/平方英寸的微孔筛网固定在转鼓型过滤设备上，通过截留养殖水体中固体颗粒，实现固液分离的净化装置。

图 14 - 5　微滤机外形图
1. 进水口；2. 出水口；
3. 电动排污口；
4. 电动机；5. 减速机

六、蒸汽锅炉的组成特性和烘炉

（一）蒸汽锅炉的功用和组成

蒸汽锅炉及锅炉房是供热系统中热源产生的供热设备。锅炉主要由锅炉本体和锅炉辅机组成，见图 14 - 6。

1. 锅炉本体

构成锅炉的基本组成部分叫锅炉本体。一般由汽锅、炉子及安全附件组成。

（1）汽锅 锅炉本体中汽水系统，高温燃烧产物烟气通过受热面将热量传递给汽锅内温度较低的水，水被加热，沸腾汽化，生成蒸汽。

（2）炉子 锅炉本体中燃烧设备，燃烧将燃料的化学能转化为热能。

（3）安全附件 包括水位计、压力表、安全阀等。

2. 锅炉辅机

给煤机、磨煤机、送风机、吸风机、给水泵、吹灰器、碎渣机、除尘器、灰浆泵。

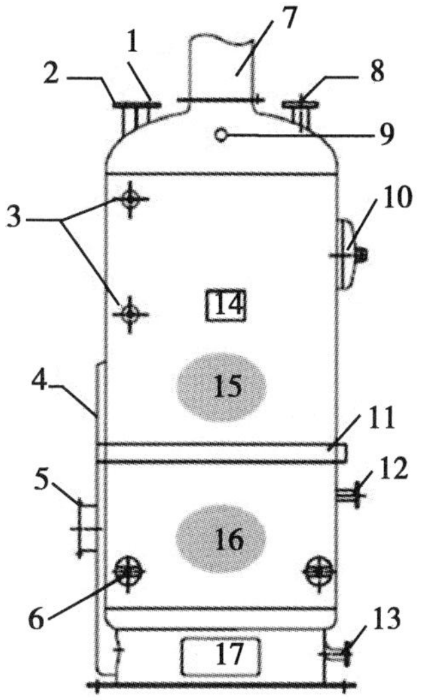

（二）锅炉的基本特性

1. 锅炉容量

（1）蒸发量（产热量） 锅炉每小时所产生的蒸汽（热水）流量。

（2）额定蒸发量（产热量） 锅炉在额定参数（压力、温度）和保证一定热效率下，每小时最大连续蒸发量（产热量），符号 D（Q），单位 t/h（kJ/h，MW）。

2. 蒸汽（热水）参数

（1）蒸汽参数 锅炉出口处蒸汽的额定压力（表压）和温度，符号分别为 p、t；单位为 MPa、℃。

（2）热水参数 锅炉出口处热水的额定压力（表压）和温度及回水温度。

3. 受热面蒸发率、受热面发热率

（1）受热面蒸发率 每平方米蒸发受热面每小时所产生的蒸汽量，符号 D/h；单位 kg/（$m^2 \cdot h$）。

（2）受热面发热率 每平方米受热面每小时所产生的（热水）热量，符号 Q/h；单位 kJ/（$m^2 \cdot h$）。

4. 锅炉热效率

每小时送进锅炉的燃料（全部完全燃烧时）所能发出的热量中有百分之几被用来产生蒸汽或加热水。

5. 安全性指标

（1）连续运行小时数。

（2）事故率。

（3）可用率。

图 14-6 蒸汽锅炉示意图

1-副气阀；2-安全阀；3-水位计；
4-风道；5-进风孔；6-手孔；
7-烟囱；8-主气阀；9-压力表；
10-入孔；11-风道；12-进水口；
13-排污口；14-铭牌；15-清灰门；
16-投煤门；17-清渣门

（三）工业锅炉烘炉方法

1. 火焰烘炉

烘炉时，燃料先放在炉排中间位置。开始时火要小，火不要离墙壁太近，慢慢烘烤，缓慢升温。应按过热器以后烟气温度控制燃烧程度，第一天升温不超过50℃，以后每天升温不超过20℃，最终温度不超过220℃。如果炉墙特别潮湿，应适当减慢升温速度。烘炉期限因炉墙混浊潮湿情况和地区气候条件而异，一般为4~7天。如炉墙特别潮湿，应适当延长烘炉期限。

2. 蒸汽烘炉

由正在运行的锅炉引来到0.294~0.392MPa饱和蒸汽逐渐加炉水，并通过临时设置的循环泵使炉水循环，用水冷壁管和省煤器管的散热来烘炉。在用蒸汽烘炉阶段，由于蒸汽凝成水将使锅炉水位升高。为了保持正常水位，需适当定期排污。烘炉时间一般宜为14~16天，后期还要用火焰烘炉。烘炉过程中，温度应平稳，并经常检查炉墙情况，防止产生裂纹凸凹变形等缺陷。烘炉完毕，应整理出烘炉的温度-时间曲线和有关记录。

以上两种烘炉合格标准见《工业锅炉安装》第78条。

（四）锅炉安全阀的调整方法

拆去开口销，除去顶盖，拧松螺帽，然后拧动调节螺杆使弹簧放松或压紧，达到安全阀要求的排气压力。调整后，应反复作几次升压试验，确认达到标准后，拧紧、锁紧螺帽，其余零件压力表、安全阀要必须定期送压力容器质量检验部门检验。

七、背负式手动喷雾器

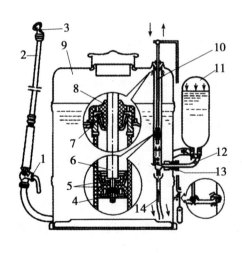

图14-7 背负式手动喷雾机

1-开关；2-喷杆；3-喷头；
4-固定螺母；5-皮碗；6-活塞杆；
7-毡圈；8-泵盖；9-药液箱；
10-泵筒；11-空气室；12-出液阀；
13-进液阀；14-吸液管

背负式手动喷雾器是利用压力能量雾化并喷送药液。该机一般由药液箱、压力泵（液泵或气泵）、空气室、调压安全阀、压力表、喷头、喷枪等喷洒部件组成。压力泵直接对药液加压的为液泵式，压力泵将空气压入药箱的为气泵式。以应用较多的工农-16型手动背负式喷雾机为例，如图14-7所示，该机是液泵式喷雾机，其结构主要由药液箱、活塞泵、空气室、胶管、喷杆、开关、喷头等组成。工作时，操作人员用背带将喷雾器背在身后，一手上下揿动摇杆，通过连杆机构作用，使活塞杆在泵筒内作往复运动，当活塞杆上行时，带动活塞皮碗由下向上运动，由皮碗和泵筒所组成的腔体容积不断增大，形成局部真空。这时，药液箱内的药液在液面和腔体内的压力差作用下，冲开进水球阀，沿着进水管路进泵筒，完成吸水过程。反之，皮碗下行时，泵筒内的药液开始被挤压，致使药液压力骤然增高，进水阀关闭、出水阀打开，药液通过出水阀进入空气室。空气室里的空气被压缩，对药液产生压力（可达800MPa），空气室具有稳定压力的作用。另一手持喷杆，打开开关后，药液即在空气室空气压力作用下从喷头的喷孔中以细小雾滴喷出，对物体进行消毒。背负式手动喷雾器每小时可喷洒300～400m²。该机优点是价格低、维修方便、配件价格低。缺点是效率低、劳动强度大；药液有跑、冒、漏、滴现象，操作人员身上容易被药液弄湿；维修率高。

八、背负式机动弥雾喷粉机

该机是一种带有小动力机的高效能喷雾消毒机械。它有2种类型：一种是利用风机产生的调整气流的冲击作用将药液雾化，并由气流将雾滴运载到达目标，多用于小型喷雾机上；另一种是靠压力能将药液雾化，再由气流将雾滴运载到达目标，用于大型喷雾机上。现以应用较多的东方红－18型背负式机动弥雾喷粉机为例。

该机由汽油发动机、离心式风机、弥雾喷粉部件、机架、药箱等组成。其风机为高压离心式风机，并采用了气压输液、气力喷雾（气力将雾滴雾化成直径为100～150μm的细滴）和气流输粉（高速气流使药粉形成直径为6～10μm的粉粒）的方法将药液或粉喷洒（撒）到物体上（图14－8）。它具有结构紧凑、操作灵活、适应性广、价格低、效率高和作业质量好等优点。可以进行喷雾、超低量喷雾、喷粉等作业。

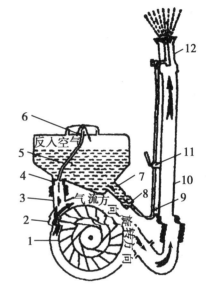

图14－8 背负式机动弥雾喷粉机工作原理图
1－叶轮组装；2－风机壳；3－出风筒；
4－进气塞；5－进气管；6－过滤网组合；
7－粉门体；8－出水塞；9－输液管；
10－喷管；11－开关；12－喷头

操作技能

一、操作臭氧消毒机进行作业

1. 安装臭氧消毒机

本机现场安装工作是影响日后深度处理系统能否成功运行的最根本因素之一。由于臭氧是一种强腐蚀气体，它的氧化性在自然界中仅次于氟。当环境中臭氧＞100mg/L会对人体造成不可恢复的危害，所以，安装质量不仅影响系统的成功运行，同时也对工作环境及人身安全有着极其重要的影响。

（1）管道工程的安装必须按照管道图纸进行。管道与阀门必须用适当支座加以固定，支座数量充足，强度要足够。

（2）加工安装管道时，必须要保证有一个清洁的管道系统，不受到油、脂、尘粒等污染。加工好的管件在其两端必须堵上，然后存放在一个干燥而又清洁的地方；安装好的管路也必须在其敞开的端头一直加以保护，以免脏物和碎片进入。

（3）管道上的吸入口及通风进出口要有合适的保护设施，防止雨水、脏物或小鸟、虫子的侵扰。一般的做法是，加用一个防风罩和采用适合于管路的材料制作的丝网。

（4）必须采用惰性气体焊接法来焊接管线。V 形焊缝间隙必须焊得适当，要在焊缝根部面积上有一个平滑的表面。所有焊缝都应进行无损探伤，焊缝质量须符合相关标准。

（5）臭氧的曝气系统，在安装中应注意臭氧曝气头的安装水平及曝气管安装中的清洁，曝气头应用固定的力矩板手上紧。

（6）建议在臭氧发生器放电罐进气端安装气体过滤器，这对保护放电管至关重要。

（7）安装结束时，所有的气体管路要求经过压力密封测试，因氧气和含臭氧的氧气都会产生火险和生命危险。

（8）安装注意事项

①目前水厂规模基本都在 10 万 m^3/天以上，所采用的臭氧发生器的单台发生量往往在 10kg/h 以上，所以必须考虑设备的运输吊装以及定位工作。②阀门和仪表在打开包装后马上进行安装，这点对那些已经进行了清洁的精密设备而言，显得尤为重要。

2. 操作臭氧消毒机进行作业

（1）打开开关合，启动前检查机具技术状态，确认良好。

（2）推上电源闸刀或开关。

（3）观察机具运转是否良好。

（4）结束时，拉下闸刀或开关，切断电源，锁上开关合。

二、操作制氧机进行作业

1. 设备首次启动（设备调试）

（1）检查系统中各设备是否处于安全、原始备电待用状态。

（2）启动干燥机　按电源按钮为开，干燥机运转，打开其前后阀门至全开。

（3）开启空压机　如需冷却水，首先打开其前后阀门；按照使用说明书开启电源开关，使空压机运转并升压；压缩空气经干燥机和过滤器处理后进入制氧机的空气缓冲罐。打开空气缓冲罐下方排污阀放空片刻，然后关闭排污阀等待空气压力上升。

（4）当空气缓冲罐的压力达到空压机设定的最高压力时，调节先导式减压阀，使压力设定为 0.4MPa 左右。开启空气进气阀，打开电控柜上的电源开关，过几秒钟，即可进入正常的工作状态。

（5）由于刚刚开机时，吸附塔内的吸附气体需要置换，因此进入氧气储罐的阀门暂时不要打开，让制氧吸附塔组间循环工作 10min 左右，再缓慢打开氧气产气阀，使纯氧气进入氧气储罐。打开氧气罐排污阀放空 20min 左右，置换氧气罐；然后关闭排污阀等待氧气压力上升。

（6）待氧气储罐压力到 0.4MPa 后，调节氧气减压阀，使得出口压力达到用户要求值。由于氧气刚进入氧气储罐时氧气储罐内含有空气，此时氧气纯度较低，不能供给用气点使用，应先放空。具体操作为缓慢打开流量计下球阀至全开，然后缓慢打开放空阀，这时可观察到流量计浮子上升，放空阀开度视流量示值达到额定流量为准。此时流量示值为带压流量，实际标态下的流量可用以下简化公式计算：

$$Q_N = Q_S \times \sqrt{1 + P_S}$$

式中：Q_N——标态下额定流量；

$\qquad Q_S$——流量计示值流量；

$\qquad P_S$——氧气压力（表值）。

举例说明：现场一个浮子流量计的指示读数为 5.0m³/h，流量计下游的压力表压力为 0.6MPa，那么在标准状态下的实际流量：

$$Q_N \approx 5.0 \times \sqrt{(1.0 + 0.6 \times 9.8)} = 5.0 \times 2.623 \approx 13.11(\mathrm{m^3/h}) = 13.11(\mathrm{m^3/h})$$

（7）如要检测氧气纯度，可将探头接到测试口上，按仪器要求检测。一般开机连续 4h 后氧气纯度才达稳定值。

（8）氧气纯度达到所需要求后，关闭放空阀门，打开通往后级用气设备的阀门，流量控制值符合设备性能的要求时，产品氧气即可使用。

2. 设备正常开机

（1）打开空气压缩机、干燥机电源，打开其前后阀门。

（2）开启空压机，压缩空气经干燥机和过滤器处理后进入制氧机的空气缓冲罐，各压力表指示逐渐上升。

（3）当供气压力达到要求时，打开电控柜上的电源开关，即可进入正常的工作状态。

（4）待氧气储罐压力达到一定压力后，然后缓慢打开产品气阀或先打开放空阀放空，这时可观察到流量计浮子上升，放空阀开度视流量示值要小于额定流量为准。等到纯度达到工艺要求后，关闭放空阀门，打开通往后级用气设备的阀门，流量控制为设备要求值时。产品氧气即可使用。

3. 设备正常运行状态描述

（1）电源指示灯亮，左吸、均压、右吸指示灯循环发亮，指示制氧流程工作正常。

（2）左吸指示灯亮时，左吸附塔压力由均压时平衡压力逐渐升至最高，同时右吸附塔压力由均压时平衡压力逐渐降为零。

（3）均压指示灯亮时，左、右吸附塔压力将一升、一降逐渐达到两者都平衡。

（4）右吸指示灯亮时，右吸附塔压力由均压时平衡压力逐渐升至最高，同时左吸附塔压力由均压时平衡压力逐渐降为零。

（5）氧气出口压力指示为正常用气压力，使用时压力会有稍微波动，但变化不应过大。

（6）流量计流量指示应基本稳定，波动不应过大，流量计的示值应不大于制氧设备的额定产气量。

（7）如有测氧仪，测氧仪示值应不小于制氧设备的额定纯度，也许会有少许波动，但不应波动过大。

4. 设备正常停车

（1）关闭制氧机电源开关。

（2）关闭氧气供气阀门，其他阀门不用关闭。若长期不用时才将各阀门关闭。

（3）关闭干燥机电源开关。

（4）关闭空压机电源（如空压机还为其他设备供气则不需关机）。

（5）关闭进入制氧机的压缩空气阀门。

（6）若长期不用时将系统各设备电源切断。

5. 设备故障紧急停车

（1）关闭制氧机电源开关。

（2）关闭流量计下阀门。

（3）关闭空压机、干燥机的电源开关。

（4）关闭氧气供气阀门。

（5）关闭进入制氧机的压缩空气阀门。

（6）打开空气储气罐、氧气缓冲罐排污阀，放空污物。

6. 操作注意事项

（1）根据用气压力和用气量，调节流量计前面的调压阀和流量计后的产气阀，不要随意调大流量，以保证设备的正常运转。

（2）空气进气阀和氧气产气阀开度不宜过大，以保证纯度达到最佳。

（3）调试人员调节好的阀门不要随意转动，以免影响纯度。

（4）不要随意触动电控柜内的电器件，不要随意拆动气动管道阀门。

（5）操作人员要定时察看机上压力表，对其压力变化作一个日常记录，用作设备故障分析。

（6）定期观察出口压力、流量计指示及氧气纯度，如有测氧仪时，检查其工作数值是否正常，发现问题及时解决。

（7）按照空压机、干燥机、过滤器的技术要求保养和维护，以保证空气品质。空压机、干燥机必须每年至少检修一次，按照设备维护、保养规定更换易损件，并进行保养，如发现过滤器前后压差≥0.05～0.1MPa，必须及时更换过滤器滤芯。

（8）完整填写日常记录表。

三、操作蛋白质分离器进行作业

1. 安装蛋白质分离器

安装蛋白质分离器仅仅需要简单的工具（螺丝起子和扳手）、塑料胶和管道密封剂。

（1）蛋白质分离器应放置在混凝土板上，或非常坚固的地上，相对高度应高于池水水面。蛋白质分离器选位应考虑管系连接、操作方便和可维护性，并水平放置。

（2）安装使用前，检查该机各部分有无松动、脱落。

（3）连接抽水机管道到标志"进水口"的法兰，并在管道中设置阀门，前端使用"海水专用砂滤罐"作为物理过滤，或设置微滤机等过滤设备，以提高蛋白质分离器的工作效率。

（4）连接水池管道到标志"出水口"的法兰，并使管道保持畅通。

（5）连接排水管道到标志"排污口"的开口。

（6）如果有臭氧机，将臭氧机的出气口连接在本机的进气口。

（7）防止漏水，确认所有管道连接处于紧密状态。

（8）连接分离器水泵的电源及开关，但不要开启水泵。水泵使用交流220V电源，应可靠接地；并把开关安装在便于操作的位置。

2. 启动蛋白质分离器进行作业

确认所有管道及电源连接已经安装牢固。

（1）打开进水阀门，让蛋白质分离器内部充满水。

（2）打开水泵电源开关，水泵开始工作。

（3）如果有臭氧机，打开臭氧机的开关。

（4）经一段时间后，蛋白质分离器顶部的透明部分可见到泡沫堆积，此时间长短视水体所含蛋白质的多少而定，时间一般为30min左右，新的设备由于本身内部需要一个自洁过程，时间会相应延长，待泡沫高度稳定后，调节出水口的调节阀门，使泡沫高度在蛋白质顶部透明部分的一半高度偏上位置，不久就可以看到有黄色或黑色的脏水被分离出来。

四、操作砂滤缸进行作业

1. 操作砂滤缸进行过滤作业

（1）将缸头控制器上的手柄压下并推向正常过滤模式进行正常过滤（图14-9）。

（2）然后启动水泵。

（3）关闭时先关闭水泵，再将手柄拉向停止位置。

2. 操作砂滤缸进行清洗砂缸作业

经过一段工作时间后，砂缸内累积的污物会影响水的流量，这个时候便需要清洗砂缸。

（1）先关闭水泵。

（2）把缸头控制器上的手柄压下并推向反冲洗模式进行反冲洗（图14-9）。

（3）开启水泵，水流便由过滤主管进入砂缸底部的分水器，水流从底部向上冲洗砂层，将砂层内的污物排出，这时，在排水管的透明部分中可以看到有脏水排出。

（4）当反冲洗干净后，关闭水泵，把缸头控制器的手柄压下并推向正冲洗模式（图14-9），并开启水泵，正冲洗约半分钟后，将管内的污物排出砂缸。

（5）关闭水泵，把缸头控制器上的手柄压下并推向正常过滤模式回到正常过滤，并开启水泵。

五、操作微滤机进行作业

（1）确认所有管道及电源连接已经安装牢固。

（2）打开电动机的电源开关，转鼓开始转动，打开反冲水的阀门（或反冲水泵的电源开关）。

（3）打开进水阀门，使需要过滤的海水流入微滤机，此时，微滤机以正常过滤方式工作，从池水中过滤污垢粒子。

（4）记录初始压力表读数。其数值视不同的自来水管道系统或水泵压力而有所不同，当发现压力表读数上升，反冲水流量减小或有喷嘴堵塞时，使用细钢丝疏通喷嘴，

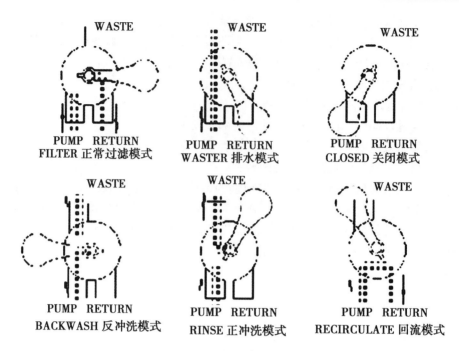

图 14 - 9　砂滤缸缸头控制器各位置示意

必要时可彻底清洗反冲管路及喷嘴。

六、操作燃煤蒸汽锅炉进行作业

（一）锅炉的升火与升压

1. 升火

（1）升火前先打开锅炉的烟风挡板，自然通风 10min 左右；如用机械通风，则需 5min 左右，以排除烟道和炉膛内积存的可燃性气体。

（2）装有省煤器的锅炉，应打开旁烟道挡板或打开省煤器再循环阀门。

（3）将自然通风门开到适当程度，然后用木柴和其他易燃物引火，严禁用挥发性强烈的油类引火。

（4）升火速度不能太快，从冷炉点火到开始起压，一般情况下，蒸发量为 2t/h 以下的锅炉不得少于 1h；蒸发量为 2~4t/h 的锅炉，不得少于 1.5h；蒸发量为 6.5~10 t/h 的锅炉不得少于 3h。

（5）升火后必须密切注意锅炉水化情况。

2. 升压

（1）当空气阀开始大量冒蒸汽时，即可关闭空气阀。

（2）当汽压升到 0.05~0.1MPa 时，应冲洗水位计。水位计冲洗完毕后，应与锅炉的另一只水位计对照，若发现冲洗前后水位计不一致，应再次冲洗。

（3）当汽压升到 0.1~0.15MPa 时，须对压力表和压力表存水管进行一次冲洗。冲洗完毕后，应与另一只压力表对照，所指示压力应一致。

（4）当汽压升至 0.2~0.3MPa 时，进行下列工作。

①试用注水器、蒸汽泵、电动泵等给水设备，向炉内进水，观察其工作是否正常。②顺次进行排污，并注意观察水位。检查排污阀是否灵活和严密，并通过放炉水，帮助锅炉水循环。③对新装或检修后的锅炉，再次拧紧人孔和手孔盖。拧紧时，禁止加长柄，用力不宜过猛。

（5）当压力升至工作压力时，应校验安全阀是否灵敏、有效和准确。

（二）锅炉的正常运行

锅炉的正常运行时，需对锅炉的水位、汽压，燃烧进行调整，以达到安全、经济运行的目的。

1. 水位计的保护和水位调整

（1）每班应对水位进行一次冲洗工作（按照冲洗方法进行）。

（2）水位计汽、水旋塞应保持洁净，发现漏水、漏汽应及时修理。

（3）锅炉装有高低水位警报器时，必须与实际高低水位一致。

（4）锅炉在运行中，水位应保持在正常水位，并允许在离中水位 ±25mm 以内波动。这里特别要指明的，即水位计上划出的高低水位红线，并非是水位波动的范围，而是水位过高或过低的警界线，表示超过此线就进入缺水或满水事故的危险边缘。

2. 压力表的保护及汽压的调整

（1）压力表每半年进行一次校验。

（2）一般情况下压力表需每月进行一次冲洗，如果发现压力表不准确或不灵敏的要立即更换。

（3）压力表应经常保持清洁。

（4）锅炉在正常运行时，其汽压应保持相对稳定，且不得超过最高压力红线。

3. 锅炉燃烧的调整

（1）锅炉在运行中，主要是通过调整炉排速度、风量和风压来达到稳定负荷的目的。

（2）煤在燃烧过程中，燃烧正常时的火焰是金黄色；风量过多时，火焰发白；风量过少时，火焰发红。

（3）在调节各风室风量的同时，还应调节鼓风总风门，以控制适当的风压，保证燃烧的顺利进行。

（4）锅炉排污

锅炉运行时，随着炉水的不断蒸发，炉水中溶解的盐质和其他混合物的浓度会逐渐增加，为了保持受热面内部的清洁及避免蒸汽品质变坏，必须对锅炉进行有计划地排污。因此，要求每班至少进行一次排污，每个排污点都应顺序进行，不可只排某一处，而长期不排另一处。正确排污的方法是：

①排污前锅炉水位应稍高于正常水位。②一人监视水位，一人操作排污阀。③排污时应充分暖管，避免产生水冲击。④严禁用加长柄的方法来开关排污阀。

4. 正常停炉

（1）降低锅炉蒸发量，停止给煤。

（2）停止向煤斗上煤，待煤斗内存煤全部进入炉膛后，停止炉排转动。

（3）待煤烧完，停止鼓风、引风、停止供汽，将自动给水变为手动给水并保持较高的水位。

（4）将炉排上的煤渣清除，清除灰斗和各风室内的积灰。

（5）停炉后，应在蒸汽、给水、排污等管路中装置隔板，与运行中的锅炉可靠隔绝。

（6）停炉后，待炉水温度低于70℃时，方可将炉水全部放出。放水前，应打开锅炉空气阀。

5. 紧急停炉

（1）遇有下列情况之一时应紧急停炉

①锅炉水位低于水位表的下部可见边缘。②不断加大给水及采取其他措施，但水位仍继续下降。③锅炉水位超过最高可见水位（满水），经放水仍不能见到水位。④给水泵全部失效或给水系统故障，不能向锅炉进水。⑤水位表或安全阀全部失效。⑥锅炉元件损坏，危及运行人员安全。⑦燃烧设备损坏，炉墙倒塌或锅炉构架被烧红等，严重威胁锅炉安全运行。⑧其他异常情况危及锅炉安全运行。

（2）紧急停炉的操作

①停止给煤和送风，减弱引风。②迅速清除炉排的燃煤，但禁止向炉膛浇水。③将锅炉与蒸汽母管隔断，开启空气阀和过热器疏水阀，降低压力。④开启旁烟道，关闭主烟道，使空气流通提高冷却速度。⑤如因缺水事故时，严禁向炉内进水。⑥如不是因缺水而紧急停炉，可采取排污和进水（保持锅炉水位）加速降压。

七、操作背负式手动喷雾器进行消毒作业

1. 操作人员进入养殖区
必须穿戴好防护用品，并淋浴消毒、更换工作服、戴口罩。

2. 检查调整好机具
正确选用喷头片，大孔片流量大雾滴粗，小孔片则相反。

3. 往喷雾器加入药液
要先加1/3的水，再倒入药剂，后再加水达到药液浓度要求，但注意药液的液面不能超过药箱安全水位线。加药液时必须用滤网过滤，注意药液不要散落，人要站在上风加药，加药后要拧紧药箱盖。

4. 初次装药液
由于喷杆内含有清水，需试喷雾2~3min后，开始使用。

5. 喷药前
先扳动摇杆10余次，使桶内气压上升到工作压力。扳动摇杆时不能过分用力，以免气室爆炸。

6. 喷药作业
一是消毒顺序，按照从上往下、从后往前、由舍里向舍外的顺序，即先房梁、屋面、墙壁、笼架、最后地面的顺序；从后往前，即从猪舍由里向外的顺序。二是采用侧向喷洒，即喷药人员背机前进时，手提喷管向一侧喷洒，一个喷幅接一个喷幅，并使喷幅之间的雾滴沉积有一定程度上的重叠，但严禁停留在一处喷洒。三是消毒方法。喷雾时将喷头举高，喷嘴向侧上以画圆圈方式先里后外逐步喷洒，使雾粒在空气中呈雾状慢

慢飘落，除与空气中的病原微生物接触外，还可与空气中的尘埃结合，起到杀菌、除尘、净化空气、减少臭味的作用。若是敞开式舍区，作业时根据风向确定喷洒行走路线，走向应与风向垂直或成不小于45°的夹角，操作者在上风向，喷射部件在下风向，开启手把开关，立即按预定速度和路线边前进边扳动摇杆，喷施时采用侧向喷洒。操作时还应将喷口稍微向上仰起，并离物体表面20～30cm高，喷洒幅宽1.5m左右，当喷完第一幅时，先关闭药液开关，停止扳动摇杆，向上风向移动，行至第二宽幅时再扳动摇杆，打开药液开关继续喷药。

7. 结束清洗喷雾器

（1）工作完毕，应对喷雾器进行减压，再打开桶盖，及时倒出桶内残留的药液，并换清水继续喷洒2～5min，清洗药具和管路内的残留药液。冲洗喷雾器的水不要倒在消毒物品或消毒地面上，以免降低局部消毒药液的浓度。

（2）卸下输药管、拆下水接头等，排除药具内积水，擦洗掉机组外表污物。

（3）放置在通风干燥处保存。

8. 作业注意事项

（1）消毒液配制前必须了解选用消毒药剂的种类浓度及其用量。应先配制溶解后再过滤装入喷雾器中，以免残渣堵塞喷嘴。

（2）药物不能装得太满，以八成为宜，避免出现打气困难或造成筒身爆裂。

八、操作背负式机动弥雾喷粉机进行消毒作业

1. 操作人员消毒防护措施同上

2. 按照使用说明书的规定检查调整好机具，使药箱装置处于喷液状

如汽油机转速调整：（油门为硬连接）按启动程序启动喷雾机的汽油机，低速运转2～3min，逐渐提升油门至操纵杆上限位置，若转速过高，旋松油门拉杆上的螺母，拧紧拉杆下面的螺母；若转速过低，则反向调整。

3. 加清水进行试喷

4. 添加药液

加药液时必须用滤网过滤，总量不要超过药箱容积的3/4，加药后要拧紧药箱盖。注意药液不要散落，人要站在上风加药。

5. 启动机器

启动汽油机并低速运转2～3min，将机器背上，调整背带，药液开关应放在关闭位置，待发动机升温后再将油门全开达额定转速。

6. 喷药作业

消毒顺序、路线、方法、方向和速度同手动喷雾器作业。其喷洒幅宽2m左右，当喷完第一幅时，先关闭药液开关，减小油门，向上风向移动，行至第二宽幅时再加大油门，打开药液开关继续喷药。

7. 停机操作

停机时，先关闭药液开关，再减小油门，让机器低速运转3～5min再关闭油门，汽油机即可停止运转，然后放下机器并关闭燃油阀。切忌突然停机。

8. 清洗药机

（1）换清水继续喷洒 2～5min，清洗泵和管路内的残留药液。

（2）卸下吸水滤网和输药管，打开出水开关，将调压阀减压，旋松调压手轮，排除泵内积水，擦洗掉机组外表污物。

（3）严禁整机浸入水中或用水冲洗。

9. 作业注意事项

（1）机器使用的是汽油，应注意防火，加完油将油箱盖拧紧。严禁在机旁点火或抽烟，作业中须加油时必须停机，待机冷却后再加油。

（2）开关开启后，随即用手左右摆动喷管，增加喷幅，前进速度与摆动速度应适当配合，以防漏喷影响作业质量。严禁停留在一处喷洒，以防引起药害。

（3）控制单位面积喷量。除用行进速度调节外，移动药液开关转芯角度，改变通道截面积也可以调节喷量大小。

（4）由于喷雾雾粒极细，不易观察喷洒情况，一般情况下，只要叶片被喷管风速吹动，证明雾点就达到了。

（5）作业中发现机器运转不正常或其他故障，应立即停机，关闭阀门，放出筒内的压缩空气，降低管道中的压力，进行检查修理。待正常后继续工作。

（6）在喷药过程中，不准吸烟或吃东西。

（7）喷药结束后必须要用肥皂洗净手、脸，并及时更换衣服。

九、操作背负式机动弥雾喷粉机进行喷粉作业

1. 穿戴好防护用品同上。

2. 按照使用说明书的规定调整机具，使药箱装置处于喷粉状态。如粉门的调整：当粉门操作手柄处于最低位置，粉仍关不严，有漏粉现象时，用手扳动粉门轴摇臂，使粉门挡粉板与粉门体内壁贴实，再调整粉门拉杆长度。

3. 粉剂应干燥、不得有杂草、杂物和结块。不停机加药时，汽油机应处于低速运转，关闭挡风板及粉门操纵手把，加药粉后，旋紧药箱盖，并把风门打开。

4. 背机后将手油门调整到适宜位置，稳定运转片刻，然后调整粉门开关手柄进行喷施。

5. 在林区喷施注意利用地形和风向，晚间利用作物表面露水进行喷粉较好。

6. 使用长喷管进行喷粉时，先将薄膜从摇把组装上放出，再加油门，能将长薄膜塑料管吹起来即可，不要转速过高，然后调整粉门喷施，为防止喷管末端存粉，前进中应随时抖动喷管。

7. 停止操作和清洗药机：方法同喷洒液态消毒剂，只是关闭的粉门。

十、进行病死鱼的深埋处理作业

1. 在远离场区的下风地方挖 2m 以上的深坑。

2. 在坑底撒上一层 100～200mm 厚的生石灰。

3. 然后放上病死鱼，每一层鱼之间都要撒一层生石灰。

4. 在最上层死鱼的上面再撒一层 200mm 厚的生石灰，最后用土埋实。

第十五章　设施水产养殖装备故障诊断与排除

相关知识

一、电路故障诊断和排除方法

（一）电路故障诊断与分析

总的来说，电路故障无非就是短路、断路和接头连接不良及测量仪器的使用错误等。以断路和短路为例。

1. 断路故障的判断

断路最显著的特征是电路中无电流（电流表无读数），且所有用电器不工作，电压表读数接近电源电压。此时可采用小灯泡法、电压表法、电流表法、导线法等与电路的一部分并联进行判断分析。

（1）小灯泡检测法　将小灯泡分别与逐段两接线柱之间的部分并联，如果小灯泡发光或其他部分能开始工作，则此时与小灯泡并联的部分断路。

（2）电压表检测法　把电压表分别和逐段两接线柱之间的部分并联，若有示数且比较大（常表述为等于电源电压），则此时和电压表并联的部分断路（电源除外）。电压表有较大读数，说明电压表的正负接线柱已经和相连的通向电源的部分与电源形成了通路，断路的部分只能是和电压表并联的部分。

（3）电流表检测法　把电流表分别与逐段两接线柱之间的部分并联，如果电流表有读数，其他部分开始工作，则此时与电流表并联的部分断路。注意，电流表要用试触法选择合适的量程，以免烧坏电流表。

（4）导线检测法　将导线分别与逐段两接线柱之间的部分并联，如其他部分能开始工作，则此时与导线并联的部分断路。

2. 短路故障的判断

并联电路中，各用电器是并联的，如果一个用电器短路或电源发生短路，则整个电路就短路了，后果是引起火灾、损坏电源，因而是绝对禁止的。串联短路也可能发生整个电路的短路，那就是将导线直接接在了电源两端，其后果同样是引起火灾、损坏电源，也是绝对禁止的。较常见的是其中一个用电器发生局部短路，一个用电器两端电压突然变大，或两个电灯中突然一个熄灭，另一个同时变亮，或电路中的电流变大等。

短路的具体表现，一是整个电路短路。电路中电表没有读数，用电器不工作，电源发热，导线有糊味等。二是串联电路的局部短路。如某用电器（发生短路）两端无电压，电路中有电流（电流表有读数）且较原来变大，另一用电器两端电压变大，一盏电灯更亮等。短路情况下，应考虑是"导线"成了和用电器并联的电流的捷径，电流表、导线并联到电路中的检测方法已不能使用，因为它们的电阻都很小，并联在短路部分对电路无影响。并联到其他部分则可引起更多部位的短路，甚至引起整个电路的短路，烧坏电流表或电源。所以，只能用电压表检测法或小灯泡检测法。

（1）电压表检测法　把电压表分别和各部分并联，导线部分的电压为零表示导线正常，如某一用电器两端的电压为零，则此用电器短路。

（2）小灯泡检测法　把小灯泡分别和各部分并联，接到导线部分时小灯泡不亮（被短路）表示导线正常。如接在某一用电器两端小灯泡不亮，则此用电器短路。

（二）电路故障排除的原则

（1）排除时要先动口再动手　对于有故障的电气设备，不应急于动手，应先询问产生故障的前后经过及故障现象。对于生疏的设备，还应先熟悉电路原理和结构特点，遵守相应规则。拆卸前要充分熟悉每个电气部件的功能、位置、连接方式以及与四周其他器件的关系，在没有组装图的情况下，应一边拆卸，一边画草图，并记上标记。

（2）要先外部后内部　应先检查设备有无明显裂痕、缺损，了解其维修史、使用年限等，然后再对机内进行检查。拆前应排除周边的故障因素，确定为机内故障后才可拆卸，否则，盲目拆卸，可能造成设备新的损坏。

（3）要先机械后电气　只有在确定机械零件无故障后，再进行电气方面的检查。检查电路故障时，应利用检测仪器寻找故障部位，确认无接触不良故障后，再有针对性地查看线路与机械的运作关系，以免误判。

（4）要先静态后动态　在设备未通电时，判定电气设备按钮、接触器、热继电器以及保险丝的好坏，从而划定故障的所在。通电试验，听其声、测参数、判定故障，最后进行维修。如在电动机缺相时，若测量三相电压值无法判断时应听其声，单独测每相对地电压，方可判定哪一相缺损。

（5）要先清洁后维修　对污染较重的电气设备，先对其按钮、接线点、接触点进行清洁，检查外部控制键是否失灵。许多故障都是由脏污及导电尘块引起的，一经清洁故障往往会排除。

（6）要先电源后设备　电源部分的故障率在整个故障设备中占的比例很高，所以先检修电源往往可以事半功倍。

（7）要先普遍后特殊　因装配配件质量或其他设备故障而引起的故障，一般占常见故障的50%左右。电气设备的特殊故障多为软故障，要靠经验和仪表来测量和维修。

（8）要先直流后交流　检修时，必须先检查直流回路静态工作点，再交流回路动态工作点。

（9）要先故障后调试　对于调试和故障并存的电气设备，应先排除故障，再进行调试。

（三）电路故障排除方法

1. 分析电路故障时要逐个判断故障原因，把较复杂的电路分成几个简单的电路来看。

2. 用假设法，假设这个地方有了故障，会发生什么情况。

3. 工作中要不断总结规律，在实践中寻找方法。

4. 要通过问、看、闻、听等手段，掌握检查、判定故障的方法。要向操作者和故障在场人员询问情况，包括故障外部表现、大致部位、发生故障时的环境情况。要根据调查情况。看有关电器外部有无损坏、连线有无断路、松动，绝缘有无烧焦，螺旋熔断器的熔断指示器是否跳出，电器有无进水、油垢，开关位置是否正确等。通过初步检查，确认不会使故障进一步扩大和造成人身、设备事故后，可进一步试车检查，试车中要注重有无严重跳火、异常气味、异常声音等现象，一经发现应立即停车，切断电源。注重检查电器的温升及电器的动作程序是否符合电气设备原理图的要求，从而发现故障部位正确排除。

总之，只有在工作实践中不断研究总结，才能正确掌握电路故障的排除方法，确保电器设备的正常运行。

二、判断三相电动机通电后电动机不能转动或启动困难方法

此故障一般是由电源、电动机及机械传动等方面的原因引起。

1. 电源方面

（1）电源某一相断路，造成电动机缺相启动，转速慢且有"嗡嗡"声，起动困难；若电源二相断路，电动机不动且无声。应检查电源回路开关、熔丝、接线处是否断开；熔断器型号规格是否与电动机相匹配；调节热继电器整定值与电动机额定电流相配。

（2）电源电压太低或降压启动时降压太多。前者应检查是否多台电动机同时启动或配电导线太细、太长 造成电网电压下降；后者、应适当提高启动电压，若是采用自耦变压器起动，可改变抽头提高电压。

2. 电动机方面

（1）定、转子绕组断路或绕线转子电刷与滑环接触不良，用万用表查找故障点并排除。

（2）定子绕组相间短路或接地，用兆欧表检查并排除。

（3）定子绕组接线错误，如误将三角形接成星形，应在接线盒上纠正接线；或某一相绕组首、末端接反，应先判别定子绕组的首、末端，再纠正接线。

判断绕组首、末端方法步骤如下：

a. 用万用表电阻档判定同一相绕组的 2 个出线端。用一根表笔接任一出线端，另一表笔分别与其他 5 个线端相碰，阻值最小的二线端为同相绕组，并作标记。

b. 用万用表直流电流档的小量程档位，判定绕组的首、末端。将任一相绕组的首端接万用表"－"极，末端接"＋"极，再将相邻相绕组的一端接电池负极，另一端碰电池正极观察万用表指针瞬时偏转方向，若为正偏，利用电磁感应原理，可判断与电池正极相碰的为首端，与电池负极相连的为末端，若为反偏，则相反。同理，可判断第三相绕组的首、末端。

（4）定、转子铁芯相碰（扫膛），检查是否装配不良或因轴承磨损所致松动，应重新装配或更换轴承。

3. 机械方面

（1）负载过重，应减轻负载或加大电动机的功率。

（2）被驱动机械本身转动不灵或被卡住。

（3）皮带打滑，调整皮带张力、涂石蜡。

三、臭氧消毒机的工作原理

臭氧消毒的工作原理是通过调压器将低压转为高压，在高压条件下将氧气转为臭

氧。臭氧具有强氧化性能，要想达到消毒杀菌的目的就必须利用其强氧化性。消毒杀菌以后臭氧就自然分解成氧气，不会发生二次污染。

四、制氧机的工作原理

制氧机的工作原理是以沸石分子筛为吸附剂，利用加压吸附、降压解吸的原理，从空气中吸附和释放氧气，从而分离出氧气的自动化设备。

五、蛋白质分离器的工作原理

蛋白质分离器的工作原理是利用水中的气泡表面可以吸附混杂在水中的各种颗粒状的污垢以及可溶性的有机物的原理，采用充氧设备或旋涡泵产生大量的气泡，通过蛋白质分离器将海水净化，这些气泡全部集中在水面形成泡沫，将泡沫收集在水面上的容器中，它就会变为黄色的液体被排除。

六、砂滤缸的工作原理

砂滤缸的工作原理是首先将缸头控制器上的手柄压下并推向正常过滤模式进行，然后启动水泵，水便通过水泵引入砂缸进水口，之后由进水口中流到分水器，再流入砂缸内，水经过砂层的过滤，流进砂缸的底部，再经过滤管进入过滤主管，水在管道中向上流往出水口，之后由管道系统输送到下级处理设备，或流回水池。

七、微滤机的工作原理

微滤机的工作原理是当养殖水体通过微滤机转鼓上的微孔筛网时，在转鼓的转动作用下，对养殖水体中的固体废弃物进行分离，使水体净化，达到循环利用的目的。并在过滤的同时，可以通过转鼓的转动和反冲水的作用力，使微孔筛网得到及时的清洁，使设备始终保持良好的工作状态。

八、蒸汽锅炉的工作原理

蒸汽锅炉工作原理是以水蒸气作为载热介质，水蒸气由锅炉产生，通过管道，进入散热器凝结成水，同时放出热量；凝结的水靠重力或者加上机械力回入锅炉加热。该设备分为低压和高压两种。低压蒸汽加温设备的压力为 20~70 kPa。高压蒸汽加温设备的压力和温度较高，高温散热器常装进猪舍热空气加温设备里，作为空气加热的热源。

九、背负式机动弥雾喷粉机的工作原理

喷粉机弥雾作业时，汽油机带动风机叶轮旋转，产生高速气流，并在风机出口处形成一定压力，其中大部分气流从风机出口流入喷管，而少量气流经挡风板、进气软管，再经滤网出气口，返入药液箱内，使药液箱内形成一定的压力。药液在风压的作用下，经输液管、开关把手组合、喷口，从喷嘴周围流出，流出的药液被喷管内高速气流冲击而弥散成极细的雾滴，吹向物体。水平射程可达 10~12m，雾滴粒径平均为100~120μm。

喷粉过程与弥雾过程相似，风机产生的高速气流，大部分经喷管流出，少量气流则经挡风板进入吹粉管。进入吹粉管的气流由于速度高并有一定的压力，这时，风从吹粉

管周围的小孔吹出来,将粉松散并吹向粉门,由于输粉管出口处的负压,将粉剂农药吹向弯管内,之后被从风机出来的高速气流吹向作物茎叶上,完成了喷粉过程。

操作技能

一、臭氧消毒机常见故障诊断与排除(表 15 – 1)

表 15 – 1   臭氧消毒机常见故障诊断与排除

故障名称	故障现象	故障原因	排除方法
无臭氧	通电开机后风扇转动无臭氧产生	1. 高压变压器损坏 2. 高压保险管损坏 3. 臭氧发生管损坏	1. 修理或更换变压器 2. 更换高压保险管 3. 更换臭氧发生管
风扇不转	风扇不工作	电机不工作	检查线路,检修电机
调压器失灵	调压器不正常调压	1. 调压器保险丝损坏 2. 调压器接头松动	1. 更换保险丝 2. 拧紧调压器接头
辉光不足	放电管产生辉光不足	放电管超期	更换放电管

二、制氧机常见故障诊断与排除(表 15 – 2)

表 15 – 2   制氧机常见故障诊断与排除

故障名称	故障现象	故障原因	排除方法
指示灯不亮	1. 打开电源开关电源指示灯不亮	1. 电源未接通 2. 电源保险损坏 3. 电源开关损坏	1. 接通电源 2. 更换电源保险 3. 更换电源开关
	2. 流程指示灯不亮	1. 指示灯损坏或连线未接好 2. 可编程控制器故障	1. 接好连线或更换指示灯 2. 检修可编程控制器
吸附罐压力不正常	1. 左吸时左吸附罐压力不能上升到正常值	1. 先导气压力未设定好 2. 控制左吸的电磁阀损坏 3. 左吸进气阀未打开	1. 先导气压力设定为 0.4MPa 左右 2. 维修电磁阀或更换 3. 检查管道阀,如有故障维修或更换
	2. 均压时左右吸附罐压力不能均衡	1. 控制均压的电磁阀损坏 2. 上下均压阀未打开	1. 维修电磁阀或更换 2. 检查均压阀,如有故障维修或更换
	3. 右吸时右吸附罐压力不能上升到正常值	1. 控制右吸的电磁阀损坏 2. 右吸进气阀未打开	1. 维修电磁阀或更换 2. 检查管道阀,如有故障维修或更换
	4. 左吸或右吸时消音器不停排气,同时吸附罐压力不上升	1. 反吹阀开得过大 2. 电磁阀损坏 3. 均压阀漏气 4. 解吸阀漏气	1. 将反吹阀开度调到适当 2. 维修电磁阀或更换 3. 维修均压阀或更换 4. 维修解吸阀或更换

续表

故障名称	故障现象	故障原因	排除方法
氧气纯度波动	使用过程中氧气纯度波动	1. 空气压力有波动 2. 用气量有波动	1. 保养、维修空压机 2. 保持用气量不超过额定流量

三、蛋白质分离器常见故障诊断与排除（表15-3）

表15-3　蛋白质分离器常见故障诊断与排除

故障名称	故障现象	故障原因	排除方法
漏水	1. 管道连接处漏水	1. 管道连接处密封松动 2. 橡胶密封件损坏	1. 锁紧连接处螺栓 2. 更换密封件
	2. 阀门漏水	1. 阀门松动 2. 调节阀损坏	1. 锁紧连接处螺栓 2. 更换调节阀

四、砂滤缸常见故障诊断与排除（表15-4）

表15-4　砂滤缸常见故障诊断与排除

故障名称	故障现象	故障原因	排除方法
过滤水量少	过滤器只能提供少量的过滤水，吸污头吸力较差	1. 毛发收集器堵塞 2. 电机反转 3. 吸污管堵塞	1. 清洁过滤器 2. 检查转动方向。如果转向相反，变换电机的接线 3. 进行清理
压力表压力变化较大	1. 在过滤循环时，压力迅速升高	1. 水的 pH 值太高（浑水） 2. 缺氯（绿色的水）	1. 降低 pH 值 2. 补充氯
	2. 压力表变化较大	1. 泵进气 2. 吸水口半闭	1. 检查毛发收集器和吸水管道是否泄漏，修复 2. 调节吸水管的阀门开度

五、微滤机常见故障诊断与排除（表15-5）

表15-5　微滤机常见故障诊断与排除

故障名称	故障现象	故障原因	排除方法
不出水	设备清洗不停，但不出水	滤网堵塞	清洁过滤网
电机不转	电机不工作	1. 电路损坏 2. 电机烧坏	1. 检查维修电路 2. 修理或更换电机

六、蒸汽锅炉常见故障诊断与排除（表 15 – 6）

表 15 – 6　蒸汽锅炉常见故障诊断与排除

故障名称	故障现象	故障原因	排除方法
动力设备负荷过大	负荷过大	1. 引风机过载：引风机保护不启动，联锁送风机不启动；燃烧系统停止；自动给水系统不运行；蒸汽无法产生 2. 送风机过载：送风机保护不启动，联锁燃烧系统停止；自动给水系统不运行；蒸汽无法产生 3. 给水泵过载：给水泵保护不启动，联锁燃烧系统停止；自动给水系统不运行；蒸汽无法产生	1. 复位引风机热继电器 2. 复位送风机热继电器 3. 复位给水泵热继电器
给水水位超高	超过水位，系统继续运行	1. 运行中发生危险水位，系统停机 2. 发生超高水位，系统仍继续运行	1. 及时查看给水系统，并修复 2. 及时排水，并修复
燃烧系统无法燃烧	油管路堵塞或无法燃烧	燃烧器件损坏、光敏管污染、喷油管路堵塞和点火不成功，燃烧程控器红灯亮，无法燃烧	待排除故障后，再人工复位燃烧程控器
蒸汽系统压力控制器失灵	压力控制器失灵	蒸汽压力控制器超压不保护，系统停机	紧急处理压力控制器

七、背负式手动喷雾器常见故障诊断与排除（表 15 – 7）

表 15 –7　背负式手动喷雾器常见故障名称、现象、原因及排除方法

故障名称	故障现象	故障原因	排除方法
塞杆下压费力	塞杆下压费力，压盖顶端冒水。松手后，杆自动上升	1. 气筒有裂纹 2. 阀壳中铜球有脏污，不能与阀体密合，失去阀的作用	1. 焊接修复 2. 清除脏污或更换铜球
塞杆下压轻松	塞杆下压轻松，松手自动下降，压力不足，雾化不良	1. 皮碗损坏 2. 底面螺丝松动 3. 进水球阀脏污 4. 吸水管脱落 5. 安全阀卸压	1. 修复或更换皮碗 2. 拧紧螺帽 3. 清洗球阀 4. 重新安装吸水管 5. 整或更换安全阀弹簧
压盖漏气	气筒压盖和加水压盖漏气	1. 垫圈、垫片未垫平或损坏 2. 凸缘与气筒脱焊	1. 调整或更换新件 2. 焊修

续表

故障名称	故障现象	故障原因	排除方法
雾化不良	喷头雾化不良或不出液	1. 喷头片孔堵塞或磨损 2. 喷头开关调节阀堵塞 3. 输液管堵塞 4. 药箱无压力或压力低	1. 清洗或更换喷头片 2. 清除 3. 清除 4. 旋紧药箱盖，检查并排除压力低故障
漏液	连接部位漏水	1. 连接部位松动 2. 密封垫失效 3. 喷雾盖板安装不对	1. 拧紧连接部位螺栓 2. 更换密封垫 3. 重新安装

八、背负式机动弥雾喷粉机常见故障诊断与排除（表 15 - 8）

表 15 - 8　背负式机动弥雾喷粉机常见故障诊断与排除

故障名称	故障现象	故障原因	排除方法
喷粉时有静电	喷粉时产生静电	喷粉时粉剂在塑料喷管内高速冲刷，摩擦起电	在两卡环间以铜线相连，或用金属链将机架接地
喷雾量减少	喷雾量减少或不喷雾	1. 开关球阀或喷嘴堵塞 2. 过滤网组合或通气孔堵塞 3. 挡风板未打开 4. 药箱盖漏气 5. 汽油机转速下降 6. 进气管扭瘪	1. 清洗开关球阀和喷嘴 2. 清洗通气孔 3. 打开挡风板 4. 检查胶圈并盖严 5. 查明原因并排除故障 6. 通管道或重新安装
药液进入风机	药液进入风机	1. 进气塞与胶圈间隙过大 2. 胶圈腐蚀失效 3. 进气塞与过滤阀组合之间进气管脱落	1. 更换进气胶圈或在进气塞的周围缠布 2. 更换胶圈 3. 重新安装并紧固
药粉进入风	药粉进入风机	1. 吹粉管脱落 2. 吹粉管与进气胶圈密封不严 3. 加粉时风门未关严	1. 重新安装 2. 密封严实 3. 先关好风门再加粉
喷粉量少	喷粉量少	1. 粉门未全打开或堵塞 2. 药粉潮湿 3. 进气阀未全打开 4. 汽油机转速较低	1. 全打开粉门或清除堵塞 2. 换用干燥的药粉 3. 全打开进气阀 4. 检查排除汽油机转速较低故障
风机故障	运转时，风机有摩擦声和异响	1. 叶片变形 2. 轴承失油或损坏	1. 校正叶片或更换 2. 轴承加油或更换轴承

故障名称	故障现象	故障原因	排除方法
二冲程汽油机燃油系故障	油路不畅或不供油导致启动困难	1. 油箱无油或开关未打开 2. 接头松动或喇叭口破裂 3. 汽油滤清器积垢太多，衬垫漏气 4. 浮子室油面过低，三角针卡住 5. 化油器油道堵塞 6. 油管堵塞或破裂 7. 二冲程汽油机燃油混合配比不当	1. 加油，打开开关 2. 紧固接头，改制喇叭口 3. 清洗滤清器，紧固或更换衬垫 4. 调整浮子室油面，检修三角针 5. 疏通油道 6. 疏通堵塞或更换油管 7. 按比例调配燃油
	混合气过浓导致启动困难	1. 空滤器堵塞 2. 化油器阻风门打不开或不能全开 3. 主量孔过大，油针旋出过多； 4. 浮子室油面过高 5. 浮子破裂	1. 清洗滤网，必要时更换润滑油 2. 检修阻风门 3. 检查主量孔，调整油针 4. 调整浮子室油面 5. 更换浮子
	混合气过稀导致启动困难、功率不足，化油器回火	1. 油道油管不畅或汽油滤清器堵塞 2. 主量孔堵塞，油针旋入过多 3. 浮子卡住或调整不当，油面过低 4. 化油器与进气管、进气歧管与机体间衬垫损坏或紧固螺丝松动 5. 油中有水	1. 清洗油道，疏通油管，清洗滤清器 2. 清洗主量孔，调整油针 3. 检查调整浮子，保持油面正常高度 4. 更换损坏的衬垫，均匀紧固拧紧螺丝 5. 放出积水
	怠速不良，转速过高或不稳	1. 节气门关闭不严或轴松旷 2. 怠速量孔或怠速空气量孔堵塞 3. 浮子室油面过高或过低 4. 衬垫损坏，进气歧管漏气，化油器固定螺丝松动	1. 检修节气门与节气门轴 2. 清洗疏通油道及油、气量孔 3. 调整浮子室油面高度 4. 更换衬垫，紧固螺丝
	加速不良，化油器回火，转速不易提高	1. 浮子室油面过低 2. 混合气过稀 3. 加速量孔或主油道堵塞 4. 主量孔堵塞或调节针调节不当 5. 油面拉杆调整不当 6. 节气阀转轴松旷，只能怠速运转，不能加速	1. 调整浮子室油面 2. 调整进油量 3. 清洗加速量孔或主油道 4. 清洗主量孔，调整调节针 5. 调节拉杆，使节气阀能全开 6. 修理或更换新件

续表

故障名称	故障现象	故障原因	排除方法
二冲程汽油机点火系故障	火花塞火花弱，起动困难	1. 火花塞绝缘不良或电极积炭，触点有油污，不跳火 2. 电容器、点火线圈工作不良 3. 电容器搭铁不良或击穿 4. 分火头有裂纹漏电	1. 如高压线端跳火强而电极间火花弱，说明火花塞绝缘不良、电极积炭或触点有油污，清除积炭和油污或更换新件 2. 更换新件 3. 拆下重新安装，使搭铁良好 4. 更换分火头
	怠速正常高速断火	1. 火花塞电极间距过大 2. 点火线圈或电容器有破损	1. 按要求调整电极间距 2. 更换新件
	加大负荷即断火	1. 火花塞电极间距过大 2. 火花塞绝缘不良	1. 按要求调整电极间距 2. 更换火花塞
	磁电机火花微弱	1. 断电器触点脏污或间隙调整不当 2. 电容器搭铁不良或击穿 3. 磁铁退磁 4. 感应线圈受潮 5. 断电器弹簧太软	1. 清理、磨平、调整触点间隙，必要时更换 2. 卸下并打磨搭铁接触部位，重新安装 3. 充磁 4. 烘干 5. 更换
	点火过早或过迟	1. 点火时间调整不当 2. 触点间隙调整不当	1. 按规定调整点火时间 2. 按要求调整点火间隙
运转不平稳	爆燃有敲击声和发动机断火	1. 发动机发热 2. 浮子室有水和沉积机油	1. 停机冷却发动机，避免长期高速运转 2. 清洗浮子室；燃油中混有水也可造成发动机断火，更换燃油

第十六章　设施水产养殖装备技术维护

相关知识

一、机器零部件拆装的一般原则

（一）拆卸时一般应遵守的原则

机器拆卸的目的是为了检查、修理或更换损坏的零件。拆卸时必须遵守以下原则：

1. 拆卸前首先应弄清楚所拆机器的结构原理、特点，防止拆坏零件。

2. 应按合理的拆卸顺序进行，一般是由表及里，由附件到主机，由整机拆卸成总成，再将总成拆成零件或部件。

3. 掌握合适的拆卸程度。该拆卸的必须拆卸，不拆卸就能排除故障的，不要拆卸。盲目拆卸不仅浪费工时，而且会使零件间原有的良好配合关系、配合精度破坏，缩短零件使用寿命，甚至留下故障隐患。

4. 应使用合适的拆卸工具。在拆卸难度大的零件时，应尽量使用专用拆卸工具，避免猛敲狠击而使零件变形或损坏。

5. 拆卸时应为装配做好准备。顺利做好以下装配。

（1）核对记号和做好记号。有不少配合件是不允许互换的，还有些零件要求配对使用或按一定的相互位置装配。例如气门、轴瓦、曲轴配重、连杆和瓦盖、主轴瓦盖、中央传动大、小锥齿轮、定时齿轮等，通常制造厂均打有记号，拆卸时应查对原记号。对于没有记号的，要做好记号，以免装错。

（2）分类存放零件。拆卸下的零件应按系统、大小、精度分类存放。不能互换的零件应存放在一起；同一总成或部件的零件放在一起；易变形损坏的零件和贵重零件应分别单独存放，精心保管；易丢失的小零件，如垫片、销子、钢球等应存放在专门的容器中。

（二）装配时注意事项

1. 保证零件的清洁。装配前零件必须进行彻底清洗。经钻孔、铰孔或镗孔的零件，应用高压油或压缩空气冲刷表面和油道。

2. 做好装配前和装配过程中的检查，避免不必要的返工。凡不符合要求的零件不得装配，装配时应边装边检查。如配合间隙和紧度、转动的均匀性和灵活性、接触和啮合印痕等，发现问题应及时解决。

3. 遵循正确的安装顺序。一般是按拆卸相反的顺序进行。按照由内向外逐级装配的原则，并遵循由零件装配成部件，由零件和部件装配成总成，最后装配成机器的顺序进行。并注意做到不漏装、错装和多装零件。机器内部不允许落入异物。

4. 采用合适的工具，注意装配方法，切忌猛敲狠打。

5. 注意零件标记和装配记号的检查核对。凡有装配位置要求的零件（如定时齿轮等）、配对加工的零件（如曲轴瓦片、活塞销与铜套等）以及分组选配的零件等均应进行检查。

6. 在封盖装配之前，要切实仔细检查一遍内部所有的装配零部件、装配的技术状态、记号位置、内部紧固件的锁紧等，并做好一切清理工作，再进行封盖装配。

7. 所有密封部件，其结合平面必须平整、清洁，各种纸垫两面应涂以密封胶或黄油。装配紧固螺栓时，应从里向外，对称交叉的顺序进行，并做到分次用力，逐步拧紧。对于规定扭矩的螺栓需用扭矩扳手拧紧，并达到规定的扭矩，保证不漏油、不漏气、不漏水。

8. 各种间隙配合件的表面应涂以机油，保证初始运转时的润滑。

二、油封更换要点

1. 油封拆卸后，一定要更换新的油封。

2. 在取下油封时，不要使轴表面受到损伤。

3. 在以新油封更换时，在腔体孔内留约 2mm 接缝，当新油封的唇口端部与轴接触，将旧油封的接触部撤开。

4. 先在轴表面及倒角处薄薄地涂覆润滑油或矿物油。

5. 将轴插入油封时或正在插入时，要仔细防止唇口部分翘起，并保持油封中心与轴中心同心。

三、修补塑料制品的小方法

比较硬的塑料零件、制品（如浮球、浮船等）破裂，可把破口按原样对齐，找一块品种与其相同、大小适宜的塑料硬片，用烤热的铁棒或烙铁把它融化了，滴在破口里，直到把破口填满，再用热烙铁烙平，凉后就粘住了。

四、滚动轴承的更换

滚动轴承一般有外圈、内圈、滚动体和保持架组成，在内外圈上有光滑的凹槽滚道，滚动体可沿着滚道滚动，形成滚动摩擦。它具有摩擦小、效率高、轴向尺寸小、装拆方便等特点。滚动轴承是标准配件，轴承内圈和轴的配合是基孔制，轴承外圈和轴承孔的配合是基轴制，配合的松紧程度由轴和轴孔的尺寸公差来保证。

（一）滚动轴承更换的条件

1. 轴承径向或轴向间隙过大。如锥形齿轮轴等，允许轴承的径向晃动量为 0.1～0.2mm，轴向晃动量为 0.6～0.8mm；一般部位的轴承允许径向晃动量为 0.2～0.3mm，轴向晃动量 0.8～1mm。

2. 轴承滚道有麻点、坑疤等缺陷。

3. 由于缺油导致轴承变色或抱轴。

4. 珠子保持架破裂。

5. 珠子不圆或破碎。

6. 轴承转动不灵活或经常卡住。

7. 轴承内套或外套有裂纹。

8. 连续运行已达到使用期限。

（二）滚动轴承的拆卸

拆卸轴的工具多用拉力器。在没有专用工具的情况下，可用锤子通过紫铜棒（或软铁）敲打轴承的内外圈，取下轴承。轴承从轴上拆下或往轴上安装时，应加力于轴承的内圈（图 16－1）；轴承从轴承座上拆下或往轴承座上安装时，应加力于轴承的外圈（图 16－2）。以单列向心球轴承拆卸为例。

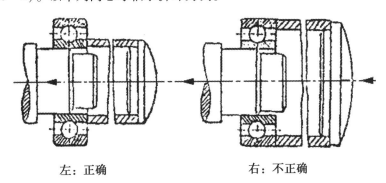

左：正确　　　　　　　　　右：不正确

图 16－1　轴承往轴上安装

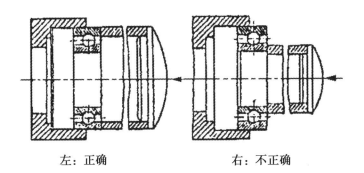

左：正确　　　　　　　　　右：不正确

图 16－2　轴承往轴承座内安装

拆卸单列向心球轴承时，把拉力器丝杠的顶端放在轴头（或丝杠顶板）的中心孔上，爪钩通过半圆开口盘（或辅助零件）钩住紧配合（吃力大）的轴承内（或外）圈，转动丝杠，即可把轴承拆下，见图 16－3。

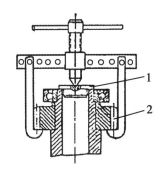

图 16－3　单列向心球轴承的拆卸
1－丝杠顶板；2－辅助零件

（三）滚动轴承的装配方法

滚动轴承是一种精密部件，对增氧机减速箱和投饲机连杆的运转起着重要的作用，如果装配时质量达不到要求，会使轴承能力下降，产生噪声及发热，加快轴承磨损，严重时造成停车。所以认真做好滚动轴承装配前的准备工作，对保证质量和提高装配工作效率十分重要。

1. 滚动轴承装配前的准备工作

（1）滚动轴承装配所需要的工具量具要备齐。

（2）按要求检查与轴承配套的一系列零部件，如轴颈、轴承箱孔、泵轴等端面是否有毛刺、铁锈、钝边、凹陷、裂纹及固体颗粒用锉刀和砂纸打磨好，洗干净放好备用。

（3）检查轴承型号是否和原来的一致。

（4）检查轴承的外观，表面应无缺陷，拿在手里，捏住内圈，转动外圈应转动灵活，无阻滞、杂音。

（5）清洗轴承

①先把轴承上的防锈油或润滑脂清除干净；②对用防锈油封存的轴承可用煤油清洗；③对用厚油或防锈油脂防锈的轴承，可放到机油中加热（油温≤95℃），把轴承放入油中，待防锈油脂融化，取出冷却后用煤油清洗，清洗完用清洁的棉布将轴承擦拭干净（不准用棉纱擦拭），放好备用；④清洗时，一手握轴承内圈，一手慢慢转外圈，直到轴承的滚动体、保持架上的油污全部去除。在清洗时要注意，开始时应缓慢转动，反复摇晃，不能用过大力度旋转。否则轴承的滚道和滚动体易被附着的污物损伤。

2. 滚动轴承的装配方法

（1）冷装法　对于过盈较小的配合可采用锤击法。其操作方法是装配前对各部数据检查完毕且合格后，在轴颈上涂抹润滑油，将清洗干净的轴承平稳垂直地套在轴颈上，然后用铜棒在轴承的内圈端面对称地敲打，直到轴承到位。若将轴承安装到轴承座上，应加力于轴承的外圈端面对称的敲打。

（2）热装法　对于过盈量较大的配合常采用热装方法。将清洗干净的轴承放到带有网格的润滑油中加热，油温控制在≤95℃，当轴承加热到所需温度时，将轴承迅速取出，立即用干净的棉布将轴承表面的油迹和附着物擦拭干净，将轴承推入或锤入轴肩位置。装配时应边装入边轻微转动轴承，防止轴承卡死。

五、臭氧消毒机工作参数的调节方法

臭氧消毒机需要控制的工作参数主要有浓度和流量。

流量的主调节是通过调节相应的调节阀来实现。臭氧浓度与许多因素（如气源、电源、发生器的结构和冷却方式）有关。

保持气体流量不变的情况下，调节臭氧发生器逆变电源的输出频率，工作频率改变，则高压放电功率改变，从而实现臭氧浓度的调节。

六、压力表的保养与更换

1. 压力表一级保养

压力表运行3个月进行一次一级保养，其内容和要求为：

（1）检查三通旋塞及存水弯管接头，消除泄漏。

（2）检查压力表能否回零。

（3）检查并冲洗存水弯管，确保畅通。

2. 压力表二级保养

压力表运行一年后进行一次二级保养，其内容和要求为：

（1）将压力表拆卸下来，送计量部门校验并铅封。

（2）拆卸检查存水弯管，丝扣应完好。

（3）拆卸检查三通旋塞，研磨密封面，保证严密不泄漏，其连接丝扣应完好无损。

（4）进行存水弯管、三通旋塞除锈和涂刷油漆。

3. 压力表的更换

当压力表在运行中发现失准时，必须及时更换。操作步骤如下：

（1）核查更换的压力表，它必须是经过计量部门校验合格的有铅封的并在校验有效期内的压力表或有出厂合格证明的新表。

（2）换表之前，将三通旋塞旋至冲洗压力表的位置，将存水弯管内的污物冲洗干净。

（3）将三通旋塞旋至使存水弯管存水的位置，用扳手取下旧表，换上新的压力表。

（4）将三通旋塞旋至正常工作时的位置，使新表投入运行。

操作技能

一、臭氧消毒机的技术维护

1. 必须指定专人操作、保管和维修，以保证设备正常运转。

2. 机器应水平安装室内，安装在环境温度不大于 40℃、相对湿度小于 65% 的场所，不需装地脚螺丝，设备定位后不许轻易挪动。

3. 先检查机器是否完整，有否损坏现象，所有紧固螺钉和零部件有无松动，有无异常声音，发现故障及时排除。

4. 检查电器的完整性，检查接地装置是否可靠。

5. 每班必须进行清扫，清除掉机箱上的灰尘。

6. 机内带有高压电，严禁带电打开机壳。

7. 易燃易爆场所使用臭氧水消毒机时，需将机器安装在远离易燃易爆区，通过气管将臭氧输送至该区。

8. 设备若有集气管，则臭氧发生器开机时，必须保证出气阀有一路是打开的，否则气体出不来，将会导致放电管烧坏。

9. 停机后，将机器的各部位擦拭干净，要做到设备各个部位显露出本色，每隔一周要用压缩空气将冷却器散热表面上的灰吹掉，若无法吹干净，必须用适宜的溶剂清洗，以保持散热表面干净。

注意：电气箱和面板上的控制系统不得用湿毛巾擦洗，电气箱内切忌进水。

10. 清理及检修时务必切断电源。

11. 机器长时间不用时应清洗干净，置于阴凉干燥处存放，并用白色布罩罩好，以备下次使用。

二、制氧机的技术维护

1. 设备日常维护

对制氧机的维护主要包括空压机、干燥机、过滤器、制氧主机的维护。空压机的日常维护主要是经常检查空压机储气罐的排污口是否堵塞，散热孔处是否有遮拦；冷干机的散热器要经常清扫；过滤器的排污口要经常检查是否堵塞；制氧机消音器的排气口要经常检查是否畅通。所有设备外观均要保持清洁、干净，经常用湿布或中性肥皂水擦洗。

2. 设备周期性维护

1. 油螺杆空压机的维护主要是进行空气过滤器（其会被灰尘堵塞）的周期更换，以及每年的润滑油和分离器的更换。压缩机的维护包括对机油的定期补充和更换（如有必要）。无油活塞空压机也需要定期更换活塞环和补充润滑剂。为保证制氧系统稳定可靠地运行和延长压缩机的寿命，必须按照压缩机厂商推荐的周期维护办法和措施来维护压缩机。

2. 干燥机的周期性维护主要是定期排污。要认真阅读干燥机的操作维护使用说明书，严格按照干燥机厂商推荐的周期维护办法和措施来维护干燥机。

3. 过滤器的周期性维护主要是根据过滤器的使用状况定期更换滤芯。如果发现过滤器的压力过大，应及时更换滤芯。参照过滤器厂商推荐的周期维护办法和措施来维护过滤器。

4. 制氧主机基本上不用周期性维护。用户可在每年公司（厂）所有设备大修时检查一下制氧机是否运行正常。

三、蛋白质分离器的技术维护

1. 定期检查水泵的工作状况，其工作效率直接影响到整个蛋白分离器的效率。
2. 定期清理透明管里的污迹，观察泡沫高度。
3. 定期往消音器内补充淡水。

四、砂滤缸的技术维护

1. 不得使用清洗剂来清洗过滤器，以免损伤过滤器，特别是它的表面光洁度。
2. 当接头管件工作状况欠佳时，就要及时更换。
3. 参照说明书上的特殊说明，当需要时要进行反冲洗和漂洗。
4. 为保证砂滤缸的过滤效果，每年都要使用固体或液体的 ASTRAL 石英砂清洗剂清洗石英砂。建议每隔大约 3 年，更换过滤器里的石英砂。
5. 在越冬时，为防止损坏过滤器，应按说明书要求进行反冲洗和漂洗，排净过滤器里的水，打开上盖。停用时要使其通风。

五、微滤机的技术维护

1. 微滤机的电动机采用油池润滑，油面高度应保持在视镜规定刻线内；润滑油一般选用 L-CKC100、L-CKC150 极压工业齿轮油或性能更好的润滑油。

2. 微滤机初次运转 150h 后更换电动机润滑油，应在热机状态下换油，并冲洗油池，以后每 6 个月换油一次。

3. 定期检查微滤机运转是否正常，检查滤网有无破损，排污接污斗是否堵塞。

六、蒸汽锅炉的技术维护

1. 干保养法

此保养方法适合停炉一个月以上时采用。锅炉停炉后放出炉水，将内部污垢彻底清除、冲洗干净，微火烘干，然后将 10～13mm 块状生石灰分盘装好放置在锅炉内，不能使石灰与金属接触。生石灰的重量，以锅炉容积每立方米 4kg 计算，然后将所有的入孔、手孔、管道阀门关闭。每 3 个月检查一次，如生石灰碎成粉状，须即更换，锅炉重新运行时应将生石灰取出。

2. 湿保养法

此保养方法适合停炉一个月以内时采用，但不适用于气候寒冷的地方，以免炉水结冰损坏锅炉。锅炉停炉后放出炉水，将内部污垢彻底清除、冲洗干净，重新注满已处理的水，将水加热到 100℃，让水中气体排出炉外，然后关闭所有阀门。

3. 压力保养法

此保养方法适合停炉期间不超过一周。停炉压力保持 $0.5～1kg/cm^2$，炉水温度在 100℃ 以上。如不能保持压力和炉水温度，可定期在炉膛内生微火或利用相邻锅炉的蒸汽来加热。

4. 充气保养法

此保养方法适用于长期停用的锅炉。此法是使用氮气或氨气从锅炉的最高处充入并维持 $0.05～0.1MPa$ 的压力，将比重较大的空气从炉底部排出，使氧气不与钢板接触。在选用气体时，以氨气最佳，因为氨气充入炉内，即可驱除氧气，因氨气呈碱性反应，更能起防止腐蚀的作用。

七、背负式手动喷雾器的技术维护

1. 作业后放净药箱内残余药液。

2. 用清水洗净药箱、管路和喷射部件，尤其是橡胶件。

3. 清洁喷雾器表面泥污和灰尘。

4. 在活塞筒中安装活塞杆组件时，要将皮碗的一边斜放在筒中，然后使之旋转，将塞杆竖直，另一只手帮助将皮碗边沿压入筒内就可顺利装入，切勿强行塞入。

5. 所有皮质垫圈存放时，要浸足机油，以免干缩硬化。

6. 检查各部螺丝是否有松动、丢失。如有松动、丢失，必须及时旋紧和补齐。

7. 将各个金属零件涂上黄油，以免锈蚀。小零件要包装，集中存放，防丢失。

8. 保养后的机器应整机罩一塑料膜，放在干燥通风，远离火源，并避免日晒雨淋。以免橡胶件、塑料件过热变质，加速老化。但温度也不得低于 0℃。

八、背负式机动弥雾喷粉机的技术维护

1. 按背负式手动喷雾器的程序进行维护保养。

2. 机油与汽油比例：新机或大修后前50h，比例为20∶1；其他情况下，比例为25∶1。混合油要随用随配。加油时必须停机，注意防火。

3. 机油应选用二冲程专用机油，也可以用一般汽车用机油代替，夏季采用12号机油，冬季采用6号机油，严禁实用拖拉机油底壳中的机油。

4. 启动后和停机前必须空载低速运转3~5min，严禁空载大油门高速运转和急剧停机。新机器在最初4h，不要加速运转，每分钟4 000~4 500转即可。新机磨合要达24h以后方可加负荷工作。

5. 喷施粉剂时，要每天清洗汽化器、空气滤清器。

6. 长塑料管内不得存粉，拆卸之前空机运转1~2min，借助喷管之风力将长管内残粉吹尽。

7. 长期不用应放尽油箱内和汽化器沉淀杯中的残留汽油，以免油针等结胶。取出空气滤清器中的滤芯，用汽油清洗干净。从进气孔向曲轴箱注入少量优质润滑油，转动曲轴数次。

8. 防锈蚀。用木片刮火花塞、气缸盖、活塞等部件和积炭，并用润滑剂涂抹，同时润滑各活动部件，以免锈蚀。

第十七章　管理与培训

第一节　技术管理

相关知识

一、设施水产养殖装备的运用管理

设施水产养殖装备的运用管理不仅是安全的需要，而且是开源节流的重要工作。设施生产物资消耗仅燃料、小修用料就约占成本的50%。做好设施水产养殖装备的运用管理工作，做到合理使用相关机具、储备和节约物资，对促进企业生产发展，降低成本，减少资金占用，提高经济效益有极为重要的意义。设施水产养殖装备的运用管理的主要任务：合理使用，科学保管，及时供应，修旧利废，降低成本，减少资金占用，加快资金周转，保证设施生产的顺利进行。

（一）设施水产养殖装备的使用规定

为了保持设施水产养殖装备状况良好、延长使用寿命、减少油材料消耗、提高使用效益，我们必须严格按照设施水产养殖装备的使用规定，合理、正确地使用装备。设施水产养殖装备使用规定也是正式实施装备管理科学化、制度化和正规化的重要依据。

1. 按编配用途使用

按编配用途使用，就是根据各种设施水产养殖装备所担负任务的性质做到专机专用。编配装备均有其特定的用途，如设施种植业、设施养殖业只能用于规定的特种勤务。不按编配用途使用，会导致装备使用效益降低、技术状况变坏，影响单位正常运输任务的完成。

2. 按技术性能使用

设施水产养殖装备技术性能包括一般数据、使用数据、发动机性能、底盘性能、电气设备性能数据等。它表示了装备的结构特点和使用性能，是正确使用、维护设施水产养殖装备的依据。

按设施水产养殖装备的技术性能使用，就是根据该装备规定的使用数据使用，即装备的设计性能和结构特点。按照装备的技术性能使用，目的就是防止机具早期损坏和发生事故性机件损坏，保持机具技术状况良好，延长机具的使用寿命。

3. 按计划合理使用

新装备或者是发动机刚进行过大修的机器，这些装备在投入正常使用以前都要进行一定的磨合。这样才能在充分发挥出它们的使用性能。所以，要尽早安排它们进行磨合，以便随时准备投入正常使用。

（二）物资的储备管理

物资定额管理包含储备定额管理和消耗定额管理。

1. 物资储备定额的作用

物资定额管理是指在一定条件下，为保证生产正常进行所必需的经济合理的物资储备数量的标准或限额。物资储备应有一个合理的储备数量。多储，将会造成占用大量流动资金和物资积压；少储，则会导致供不应求，影响生产。因此，管理者必须制定科学合理的物资储备定额。

2. 物资储备定额的制定

物资储备定额分为经常储备定额和保险储备定额。经常储备定额是指前后两批物资到货间隔期内保证正常生产所必需的物资储备数量。保险储备定额是指当物资供应工作中发生到货误期等不正常的情况时，保证正常生产所需要的物资储备量。

（1）经常储备定额 经常储备定额主要由前后两批物资到货的间隔时间和平均每天需要量决定。计算公式：经常储备定额 = 到货间隔天数 × 平均每天需要量

（2）保险储备定额 保险储备定额主要由保险储备天数（由上年度统计资料实际到货平均误期天数来确定）和平均每天需要量来决定。计算公式：保险储备定额 = 保险储备天数 × 平均每天需要量。

（三） 仓库管理

仓库是企业物资周转的储备环节，是物资供应的基地，担负物资管理的多项职能。加强仓库管理，保证仓库安全，减少物资损坏，加快资金周转，保证物资供应，对企业生产管理有重要的作用。

仓库管理的主要任务：物资验收、保管、发放、清仓盘点和废旧物资回收利用等。

（四） 劳动人事管理

1. 劳动定额的表现形式

劳动定额是在一定的生产技术和生产组织条件下，为生产单位合格产品或完成一定工作任务所预先规定的必要劳动消耗量的标准。劳动定额是组织生产和进行分配的依据。劳动定额有两种形式：一种用时间表示，即时间定额，是指生产单位产品或完成一项工作所必需消耗的工作时间；另一种用产量表示，即产量定额，是指单位时间内必须完成的产品数量或工作量。

2. 劳动时间消耗

要制定劳动定额，首先要研究劳动时间消耗，即对劳动者各种动作消耗的时间，依据其性质、范围、作用划分时间类别进行分析研究，找出劳动过程工时浪费的原因及其影响因素，以制定节约工时消耗的措施，达到充分利用工时、制定劳动定额的目的。

3. 劳动保护

劳动保护是指劳动者在生产中的安全和健康保护工作。加强劳动保护，搞好安全生产关系到社会的稳定和企业的健康发展。劳动保护工作主要包括4个方面的内容：①保证安全生产，改善劳动条件，组织文明生产，防止工伤事故和职业病的发生。②保护环境，认真治理"三废"。③合理确定工作和休息时间，使劳动者保持充沛精力。④加强对女职工的照顾，适当安排女职工的工作。

4. 劳动定额的制定方法

制定劳动定额应使其符合水平先进合理的标准。所谓水平先进合理，就是在正常的条件下，大多数人经过一定努力可以达到，部分人员可以超过，少数人能够接近的定额

水平。只有保持劳动定额水平先进合理，才能充分调动劳动者的积极性。制定劳动定额的主要方法有：经验估计法、统计分析法和技术测定法。

5. 机组定员的构成

（1）技术人员　指从事技术工作并具有驾驶操作及维修技术能力的人员。

（2）管理人员　指从事行政、生产等管理工作的人员。

（3）服务人员　指服务于职工生活或间接服务于生产的人员。

二、作业计划的制定方法

作业计划编制的质量高低，直接关系到客户的满意程度和机主绩效的高低。作业计划编制需要详尽的资料，主要有总体计划、前期生产作业计划完成情况、设备状况和维修计划、生产能力和劳动力的负荷、配件和能源等的供应、成本和费用核算资料以及技术组织措施安排等。

作业计划的内容、形式和编制方法，取决于生产类型、生产组织形式和作业对象的特点。设施水产养殖装备作业计划一般有以下几种方法。

（一）定期计划法

这种作业计划编制方法，主要适用于作业任务不稳定的机具。这种类型的机具，由于作业任务经常变动，每隔一定时间（月、旬或周）就需规定一次工程内容的工序作业进度。所隔时间长短，取决于作业稳定程度、复杂程度和施工内容各个环节的衔接配合程度。作业内容复杂、影响生产因素多，间隔时间宜短些，一般可每旬分配一次任务；反之，则间隔时间宜稍长一些，可每月分配一次任务。

（二）临时派工法

这种作业计划编制方法，是根据作业任务、作业准备情况及各工作地负荷情况，随时把作业任务下达给各个机手。它适用于作业或服务工作任务杂而乱，而且及不稳定的零星作业。因为这种类型的作业，其工作对象、内容不易固定，编制较长时间（月、旬）的计划进度，很难符合实际，故以根据实际情况临时派工为宜。但在采用这种方法时，应尽量使设备空闲时间最少，各工序之间衔接最紧，所需全部作业时间最短。

（三）滚动计划法

它是在每次制定计划时，根据计划执行情况和存在的问题，将原计划期循序向前期推进一段时间的灵活、有弹性的计划编制方法。运用滚动计划法编制短期计划时，虽然可以实行近细远粗的原则，但预测计划的指标和措施都应该比较具体，修订计划时调整的幅度，一般情况下也不宜过大，确定执行计划和预测计划的数据都应该比较充分，各个计划期之间，更应该注意衔接和平衡。

三、作业成本的核算方法

（一）作业成本的构成

设施水产养殖装备作业成本是以机组为对象计算的完成单位作业量应负担的各项费用的总和，它综合反映机组作业的经济效果，是设施水产养殖装备作业经济效益分析的重要经济指标。

机组在一定时期内，在作业过程中所发生的全部耗费称为机组作业费用。作业费用 F_{ty} 可表示为 7 项费用之和。

$$F_{ty} = F_n + F_w + F_x + F_l + F_b + F_{zh} + F_{gl}$$

式中：F_n ——油料消耗费，作业过程中消耗的油料（包括柴油、润滑油等）费用之和；

F_w ——维修费，日常维修发生的工时费和更换零件与低值易损件的费用之和；

F_x ——大修提存费，为保证机器大修资金和平衡作业成本而按机器原值的一定比例分摊的费用；

F_l ——机器折旧费，进行作业的农业装备在使用年限内因有形和无形损耗减少的价值转入成本后形成的费用；

F_b ——劳动报酬，机组作业人员劳动报酬；

F_{zh} ——资金占用费，作业过程中因占用资金（包括自有固定和流动资金及贷款）而形成的费用；

F_{gl} ——管理费，管理和组织生产所发生的费用分摊形成的费用，包括非生产人员的劳动报酬、办公费，属于共同使用的间接性固定资产提取的折旧费、修缮费、低值易耗品消耗费、差旅费、技术培训费、技改费、养路费、运输管理费、保险费、年检费、工商管理费等。通常按农业装备发动机功率分摊管理费。

单位作业量成本 C_{ty} 可表示为：

$$C_{ty} = \frac{F_{tr}}{U_{zul}}$$

式中：U_{zul} ——计算期作业量或计算周期作业时间。

驾驶员在核算作业成本时，要根据实际情况正确核算，如折旧年限切不可生搬硬套，欠条要防范风险，自备修理也要计算其中等，这样得出的成本才能符合实际情况。

（二）成本管理的要求

成本是经营管理工作质量好坏的一项综合性指标，直接反映企业生产经营活动的经济成果。对成本管理的要求是通过预算、计划、控制、核算、分析和考核，挖掘内部降低成本的一切潜力，寻找降低成本的途径和方法，降低生产费用和一切非生产开支，增加利润。因此对成本管理的要求如下。

1. 加强成本管理的基础工作

认真做好成本管理的基础工作，首先建立业务记录，财产物资移动记录，管理信息记录等原始记录。其次，应对各种原材料、燃料、工具、物资储备、资金占用、费用、工时利用等制定出平均先进定额，并根据技术水平和管理水平的提高，生产环境的改善，定期或不定期地修订定额。再次，一切物资的进出都要经过计量、验收。最后，物资财产要定期盘存，保证账实相符，并及时调剂处理多余的积压物资，减少物资损耗。

2. 严格区分不同性质费用的支出范围

必须严格按规定的成本开支范围和标准支出。在核算中，要严格区分费用的开支范围，保证成本的真实性和可比性，防止乱挤、乱摊成本等违反财经纪律的行为。

3. 加强成本监督，保证成本核算的真实性

成本计划、成本控制和成本分析有赖于成本核算资料。若成本核算不真实，就不能发挥成本管理的作用，同时财务成果将会失真。

4. 实行成本全面管理

每个人责无旁贷，都要参与成本管理，做到干什么管什么，成本责任到人。要从物资供应、维修、使用、结算等方面进行全过程的成本管理，环环相接，精确到位，确保生产过程的每个环节以最低成本运行，创造出最佳经济效益。

（三）降低成本的途径

影响作业成本的因素很多，归纳起来有外部因素和内部因素两个方面。外部因素有收费价格、零配件及油料的供应及价格水平等。但是，在外部因素难以控制的情况下，降低作业成本主要从内部寻找途径。

（1）控制能源消耗　要提高机手操作水平，保持机具良好的技术状态，作业中合理使用油门，降低能源消耗费。

（2）控制劳动消耗　要重视机手的技术培训，提高劳动生产率，合理安排劳动力，充分发挥各个人员的劳动积极性。

（3）控制修理费　机手平时要加强机具的保养，作业时严格按操作规程办事，从而减少机具故障率，提高作业效果。

（4）控制生活支出　机组人员要对生活开支有一个整体计划，在外出作业时要安排一个简单、易行、实用的生活计划，要坚持厉行节约，反对铺张浪费。

四、经济效益、社会效益、比较经济效益名词解释

1. 经济效益

从事一项商品生产卖出的效益和扣除各种支出后所余部分钱物简称为经济效益。

收益＝收入－支出＝收入－（设施构建费＋技术引进费＋人工费＋折旧费＋管理费）－（饲料费＋种苗购置费＋水电费＋银行贷款利息＋医药费＋其他费）

2. 社会效益

某项技术或产品经推广应用后对相关产业经济效益的影响，如增加产量、节约能源、节约原料成本、改善品质而提高售价、增加就业或减少人力成本、对环境公共卫生的改善等。

3. 比较经济效益与投入产出比

比较经济效益是一个相当繁杂的经济学概念，受市场需求、市场价格、产业技术含量高低、资金、人才、环境、场地、经营风险、技术和市场成熟度、人员素质、管理水平等很多因素的制约。

投入产出比也是一个相对复杂的概念，简单说投入数/产出数数值越小越好。反过来，收益（产出）比投入的倍数越多越好，在比较经济效益计算中，投入产出比是一个重要的因子。

在资金、场地、市场、价格、人的素质、管理水平都认为能满足产业要求时，将他们忽略不计时，比较两种或多种产业的投入产出比，也就是比较其赢利水平的差异，差异越大，选择余地越大。

4. 比较经济效益数据在水产养殖业中的意义

（1）在有能力和条件的前提下，选择比较经济效益好的项目和品种进行养殖追求利润最大化。

（2）兽药经营单位主动地去开发那些比较经济效益好的行业市场，可以获取好的回报。

如肉鸡或蛋鸡养殖业户的一般用药规律是：产品价格低、利润低时，对用药品种、用药次数、用药价格会更多地计较，甚至走向极端。希望花 1 元钱买 10 元钱的东西，明知天上不掉馅饼，却希望一瓶药对 500kg 水还能治病。而水产养殖业，由于鱼虾在水里患病被发现时已为时过晚，如不提前预防或及时治疗就会血本无归。因此，药物价格高低不是主要计较因素，关键是有效，对药品质量的追求成为第一位的东西，而且用药总量较大。

五、养殖程序和比较经济效益举例

1. 海水育苗场

如海参、对虾、河蟹、大棱鲆等海产育苗场程序：

亲种→暂养→调温催情→产卵→孵化→苗种培育浮游生物天然饵料培育和投喂→天然或人工饵料投喂→出苗。

（1）在技术过关、管理合理、市场行情稳定的情况下，对虾经 35 ~ 40 天长到 0.7cm 时出售，1 000m³ 育苗水体可获纯利润 30 万 ~ 50 万元，育二茬苗可达 100 万元。

（2）海参育苗需 6 个月至 1 年时间可出售苗种，投入产出比 1：30 ~ 50。

（3）河蟹以大眼幼体（孵化至 7 ~ 9 天）出售，每千克售价达 1.6 万元，养大眼幼体一年养成，扣蟹每千克售价 500 ~ 1 000 元。投入和产出比分别为 1：100 和 1：30。

（4）大棱鲆、河鲀苗种每尾 5 ~ 8 元，需培育 6 个月至 1 年，投入产出比 1：20 ~ 1：30。

2. 淡水鱼苗种生产

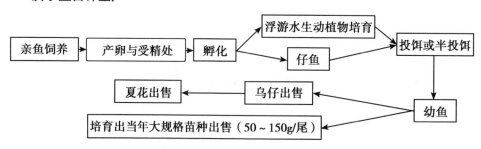

3. 淡水鱼商品鱼养殖程序及效益

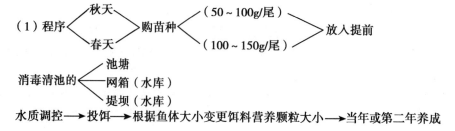

堤坝（水库）→水质调控→投饵→根据鱼体大小变更饵料营养及颗粒大小→当年或第二年养成。

（2）经济效益：苗种价格一般为商品鱼价格的 2~3 倍，苗种放养至培育出商品规格，体重增长倍数：鲤 4~8 倍、草鱼 4~7 倍、鲫鱼 8~15 倍、罗非鱼 50~100 倍，鲢、鳙 3~4 倍，团头鲂 3~6 倍。

一般情况下，在池塘养鱼每亩水面净利润 1 000~1 500元，水库养鱼多采用轮捕方法收获，当年产值应是投入的 5~10 倍，一个 4m×4m×2m 的网箱可产鲤 300~480kg，价值 2 700~4 300元可净收入 800~1 000元/箱。

4. 小结

海水育苗珍稀品种成功时是各种养殖业效益最高的，反之则血本无归；海水养殖成功时比较经济利益高于皮毛动物养殖；淡水育苗商品鱼养成的经济利益与皮毛动物养殖持平，均属于高投入高产出产业，风险性大，管理精细，稍有疏忽则造成亏损。

操作技能

一、制定设施水产养殖装备定期作业计划

1. 要明确作业计划的起止时间、作业地点、完成的作业量及总投入费用。
2. 要明确投入的设备及人员数量。
3. 要明确设备保养及维护的时间。
4. 要明确设备所需的能源、配件及人员生活必需品的数量。

二、核算投饲机（或增氧机）作业成本

1. 首先计算出投饲机（或增氧机）作业期间的能源消耗费、维修费、大修提存费、机器折旧费、劳动报酬、资金占用费、管理费等各项费用。
2. 按照计算公式进行计算。

第二节　培训与指导

相关知识

一、对初级设施水产养殖装备操作工培训教学的要求

通过教学，使培训者了解从业人员的职业道德知识和相关法律法规知识，培养良好的职业道德，遵纪守法；熟悉机械常识；掌握设施水产养殖装备的动力机械、工作装置等系统的一般构造；掌握设施水产养殖装备操作的作业技能以及维护保养的一般知识；掌握设施水产养殖装备调整方法及排除简单故障的方法。

二、对中级设施水产养殖装备操作工培训教学的要求

通过教学，使培训者了解从业人员的职业道德知识和相关法律法规知识，使培训者

能够遵纪守法，具有良好的职业道德；熟悉机械常识；熟悉设施水产养殖装备的基本构造、工作原理，掌握设施水产养殖装备操作要领、技术维护保养和诊断与排除常见故障的技能。

三、技术培训的形式、内容、方法和步骤

1. 技术培训的形式

对操作工的培训重点应放在加强他们对设备性能的了解，正确使用相关机具。对机手的培训要采取不同的形式。

（1）自学为主，定期讲课，定期考核。

（2）利用农闲对机手进行短期轮流培训。

（3）定期开经验交流会，请有经验的机手介绍使用心得。

2. 技术培训的内容

技术培训内容要按《国家职业标准》的要求进行。

3. 技术培训的方法

（1）系统培训法。

（2）专题培训法。

（3）座谈讨论法。

4. 培训步骤

培训步骤就是在培训过程中对教学活动所做的具体安排。因为每次培训的目的、内容不同，受教育的对象不同，具体步骤也必然不同，必须根据每次培训的具体情况来定。但必须注意各步骤之间的前后衔接，保证教育内容的系统性、连贯性。

四、制订培训教学计划

教学计划一般应包括采用的教材、教学地点、授课课时、授课时间、考核时间、授课教师、教学目的、教学内容等，培训单位应妥善安排，并达到国家标准的要求。

1. 根据行业职业标准等级要求，确定培训目标。

2. 确定培训对象的基本要求。

3. 根据行业职业标准等级理论要求，确定开设的课程，并提出各课程教学的具体要求。

4. 根据行业职业标准等级技能要求，确定开设的技能训练项目，并提出训练项目的具体要求。

5. 按照行业职业标准等级培训课时要求，科学分配各课程理论教学的学时和技能训练项目学时。

6. 依据培训目标、理论教学和技能训练要求，确定成绩考核方法。

五、编写教案

教案是指导课堂教学的方案，编好教案是上好课的先决条件，也是每位任课老师必须认真完成的工作之一。编写教案可分为以下 3 个阶段。

1. 准备阶段

（1）学习本学科教学大纲　了解掌握本学科和总目的要求和每单元的具体要求，还要了解本学科在理论教学、实习教学等方面的要求。对教学中要求学员掌握的基础知识、基本技能、基础理论，做到心中有数。

（2）钻研教材　认真阅读教材，掌握其知识理论的系统和内在的联系，清晰了解每章节的知识点、技能点等，把握其中的重点、难点和关键点。

（3）了解学员　学员是教学对象又是教学主体，编写教案之前必须了解学员已有知识、技能基础、思想状况、动机需要、智能水平和学习兴趣习惯，以便在教学中注意这些问题。

2. 教案编写阶段

（1）教案编写的要求　①教学目的要明确。②教学重点要准确。③教学难点处理要适宜。④教学方法手段要合理。⑤教学内容要简洁明了，通俗易懂，循序渐进。⑥板书提纲挈领，一目了然。⑦教材分析要准确，简明扼要，易记。⑧教学过程要组织严密紧凑、气氛活跃。

（2）教案编写的主要内容　①基本情况 教学班级、学科内容、授课时间、课题。②核心内容　教学目的要求、教学重点、教学难点、教学方法手段、课的类型。③教学步骤及教学时间安排　组织教学、导入定向、新授课、巩固练习、反馈教学效果、布置作业。教案的编写格式和内容见表18-1。

教案毕竟是一个设计方案，在讲授过程中，可以根据当时听讲人的实际情况作一些适当调整。现场讲授时要求声音宏亮，条理清晰，语言通俗易懂，比喻恰当。讲授完毕后，答疑要突出主题，简明扼要，通俗易懂，不是简单地重复所讲过的内容。

3. 教案评估阶段

定期对每次教案的编写和执行进行回顾评价以促进不断改进提高。

六、培训指导教师应具备的品质

1. 扎实的知识基础。

2. 丰富的实际工作经验。

3. 良好的心理素质。

4. 良好的专业形象。

5. 专业的授课技巧。

6. 对工作认真负责的态度。

7. 钻研新技术、不断探索求新的精神。

操作技能

一、设计编写教案表

根据教案的编写要求，设计教案表，见表18-1。

表 18 – 1　教案格式表

授课日期		时间分配	复习提问（min）：
所需学时			内容讲授（min）：
累计学时			课堂小结（min）：
课　　　题：			
教 学 目 的：			
教 学 重 点：			
教 学 难 点：			
教学方法及教改手段：			
教 学 用 具：			
教 学 内 容：			
教材分析及教学过程：			

二、编写三相异步电动机的维护教案

教学课题：三相异步电动机维护

教学目的：掌握电动机内部结构；掌握电动机维护拆卸、装配过程；掌握电动机测试、检修方法；掌握相关电工仪表使用。

教学重点、难点：电动机绕组拆卸及电机装配。

教学方法：讲授。

教学教具：电动机、万用电表、钳形电流表、转速表、三爪拉马、榔头、拆装工具。

讲授时间：45min

讲授人：

教学内容：

（一）三相异步电动机拆装要求

1. 要清洁电动机外部，了解异步电动机的铭牌，熟悉异步电动机基本结构，做好拆卸前准备工作是拆装异步电动机过程非常重要的一环，要做到心中有数，不盲目动手。

2. 要正确掌握拆装工具及仪表，如铁锤、紫铜棒、拉具、扳手，兆欧表、万用表等工具的正确使用方法。

3. 要掌握安全操作规程，必须进行电气设备安全使用规程教育，钳工安全操作规程以及防火防爆的相关经验，确保技能训练的安全顺利完成，保证人身设备财产的安全。

4. 要特别注意安装在设备上的电动机的拆装时要求：

（1）应先切断电源，拆除电动机与三相电源线的连接，应做好电源线的相序标记与绝缘处理。

（2）拆卸电动机与机座、皮带轮、联轴器的连接时，先做好相应定位标记，保证电动机与主体设备安全分离。

（3）端盖螺钉的松动与紧固必须按对角线上下左右依次旋动。

（4）吊装大型电动机的转子应对称平衡钢丝绳，地面铺好木垫，慢慢平移出转子时动作应小心，一边推送一边接引，防止擦伤定子绕组和转子绕组。

（5）依次对风罩、风叶、端盖、轴承、转子的拆卸清洗、检查与更换。

（二）操作技术要点

1. 拆卸异步电动机

（1）拆卸电动机之前，必须拆除电动机与外部电气连接的连线，并做好相位标记。

（2）拆卸步骤

①带轮或联轴器；②前轴承外盖；③前端盖；④风罩；⑤风扇；⑥后轴承外盖；⑦后端盖；⑧抽出转子；⑨前轴承；⑩前轴承内盖；⑪后轴承；⑫后轴承内盖。

（3）皮带轮或联轴器的拆卸　拆卸前，先在皮带轮或联轴器的轴伸端作好定位标记，用专用位具将皮带轮或联轴器慢慢位出。拉时要注意皮带轮或联轴器受力情况务必使合力沿轴线方向，拉具项端不得损坏转子轴端中心孔。

（4）拆卸端盖、抽转子　拆卸前，先在机壳与端盖的接缝处（即止口处）作好标记以便复位。均匀拆除轴承盖及端盖螺栓拿下轴承盖，再用两个螺栓旋于端盖上两个顶丝孔中，两螺栓均匀用力向里转（较大端盖要用吊绳将端盖先挂上）将端盖拿下。（无顶丝孔时，可用铜棒对称敲打，卸下端盖，但要避免过重敲击，以免损坏端盖）对于小型电动机抽出转子是靠人工进行的，为防手滑或用力不均碰伤绕组，应用纸板垫在绕组端部进行。

（5）轴承的拆卸、清洗　拆卸轴承应先用适宜的专用拉具。拉力应着力于轴承内圈，不能拉外圈，拉具顶端不得损坏转子轴端中心孔（可加些润滑油脂）。在轴承拆卸前，应将轴承用清洗剂洗干净，检查它是否损坏，有无必要更换。

2. 装配异步电动机

（1）用压缩空气吹净电动机内部灰尘，检查各部零件的完整性，清洗油污等。

（2）装配异步电动机的步骤与拆卸相反。装配前要检查定子内污物、锈是否清除，止口有无损坏伤，装配时应将各部件按标记复位，并检查轴承盖配合是否合适。

（3）轴承装配可采用热套法和冷装配法。

3. 拆装注意事项

（1）拆移电机后，电机底座垫片要按原位摆放固定好，以免增加钳工对中的工作量。

（2）拆、装转子时，一定要遵守要点的要求，不得损伤绕组，拆前、装后均应测试绕组绝缘及绕组通路。

（3）拆、装时不能用手锤直接敲击零件，应垫铜、铝棒或硬木，对称敲。

（4）装端盖前应用粗铜丝，从轴承装配孔伸入钩住内轴承盖，以便于装配外轴承盖。

（5）用热套法装轴承时，只要温度超过100℃，应停止加热，工作现场应放置1211灭火器。

（6）清洗电机及轴承的清洗剂（汽、煤油）不准随意乱倒，必须倒入污油井。

（7）检修场地需打扫干净。